市民の考古学—3

ホモ・サピエンスの誕生

河合信和

同成社

はじめに

考古学とは、過去の人間の残した遺物・遺構から、古代の人間行動を復元し、人類の歩んできた道を歴史の中に位置付ける学問です。歴史考古学という文字記録のある時代の遺物・遺構を研究する分野もありますが、大部分は文字記録の一切なかった時代を対象とします。その時代は、今、どんどん古くなっています。

そうした学問、研究分野である考古学でも、それを作った人間が誰だったのかを知らないと、話にならないでしょう。日本の場合、旧石器時代最古段階でも、確実なものに限れば、遺跡を残した主体はホモ・サピエンス（現生人類、あるいは解剖学的現代人とも言う）であったのは間違いないので、さほど話題にもなりませんが、世界となると、かなり事情が異なります。

火山列島の日本は、酸性土壌のために骨が残らない、とよく言われます。しかし、海外に目を移すと、アフリカ、ヨーロッパなどでは、条件に恵まれた所では、とてつもない古さの人類化石が見つかります。グルジアのドマニシという遺跡では、177万年前の骨格を含む保存の良い人類化石が見つかっていますが、ここでは彼らが作った原始的石器、彼らの食べた動物の骨、さらには彼ら自身を襲った肉食動物の骨まで見つかっています。こうしたことから、この遺跡を残したヒトは、動物を狩るよりも狩られる側であったことがわかります。それでも、ヒトはこのころには、母なる故地のアフリカを出て、ユーラシアに進出していたのでした。

そのアフリカに目を移せば、このころ、とうてい覚えきれないような様々な人類が共存していました。最大4種もの人類が、ツルカナ湖畔（ケニア）という狭い地域で暮らしていたのです。石器を作った人類もいましたが、作らなかった人類もいました。

そして時間軸をさらに過去へとさかのぼっていくと、さらに古い人類が姿を現してきます。最新の調査で明らかになってきたこうした人類像は、つい30年前まで信じられていた「猿人→原人→旧人→新人」という階段を昇るような進化という考えを大きく転換させました。

逆に新しい方に視線を変えると、ヨーロッパでネアンデルタール人の進化していた時代、アフリカで驚くほど進歩した文化が発展していたこともわかってきました。そして小人のような風変わりな人類も、インドネシアの僻遠の島で生きていました。

本書は、考古学の基礎である太古の人類がどのように進化、絶滅していったかを見ていきます。しかも、そこには日本人研究者の小さくない貢献もあるのです。

目　　次

カバー写真：ホモ・フロレシエンシスの頭骨

装丁：吉永聖児

ホモ・サピエンスの誕生

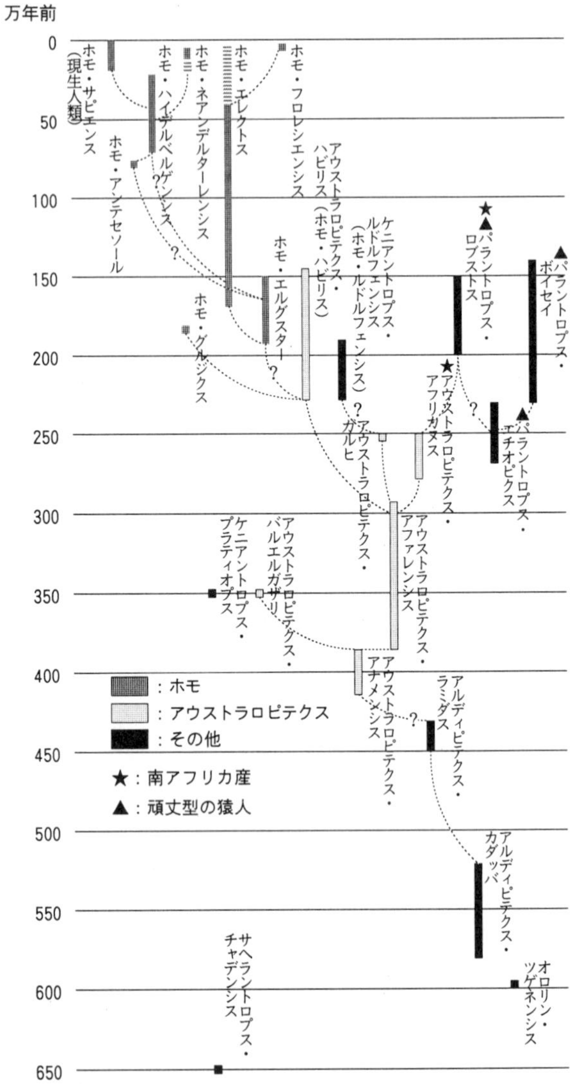

人 類 系 統 樹

From Lucy to Language, 2006 を基に加筆修正

第1章　最古の人類はどこ？

1　“常識”破る東・南アフリカ以外の地からも化石骨

1856年にドイツ、フェルトホーファー洞窟で元祖ネアンデルタール人化石が発見されて以来、古人類学は1世紀半の歴史をへた。その歴史上で最大級に近い古人類化石の発見が、21世紀のまさに前夜になされ、その後も発見が相次いでいる。

特に2000年末から02年にかけて、3つの国際調査隊が挙げた快挙は特筆される。3調査隊は、ライバル意識剥き出しで、互いに自らの発見の古さを誇っている。オロリン・ツゲネンシス、アルディピテクス・ラミダス・カダッバ（後、「アルディピテクス・カダッバ」に変更）、サヘラントロプス・チャデンシスと続く3つの発見がそれだが、これによりそれまでの人類起源化石の年代は一挙に150万年も古く書き換えられたのである。

1980年代初頭、人類の誕生は、1400万年前ころとされていた。ところがその後、最古の祖先とされたラマピテクスが人類起源の候補者から失権する一方、現生のヒトや類人猿の遺伝子を時計に用いた分子人類学の発展と、新たなヒト化石の発見が加わることによって、その起源は一気に500万年前近くへと若返った。ところがこの年代も、20世紀末から21世紀に入っての3つの大発見で、また古い方へと巻き戻しとなったのである。

さらに重要なのは、そのうちの1つは、従来から知られた東アフリカと南アフリカ以外での発見であった。英科学誌『ネイチャー』2002年7月11日号の表紙を写真付きで飾って報告されたサヘラントロプス・チャデンシス（愛称「トゥーマイ」）は、まさにその古さとともに従来観をくつがえすものだった。発見地トロ＝メナラは、チャドのジュラブ砂漠にあり、そこは大地溝帯から2500キロも西方に位置する。したがって新聞各紙も、写真付きで大々的に報じた。700万～600万年前とされるトゥーマイ化石の年代は、どうやら人類起源の根っこにたどりつきつつあるように思わせるものだった（本章末の追記で触れたように、それはもう少し古くなるようである）。

2　異例な発表方法で最古の新種報告

ただ、年代の古代化の口火は、実は一足先にすでに前世紀末の2000年12月に切られていた。「ケニア発見の600万年前の猿人化石」としてフランス・ケニアの合同調査隊によって華々しく記者発表されたオロリン・ツゲネンシスの発見が、それである。属名のオロリンとは、現地語で「最初のヒト」という意味で、種名は発見地のチューゲン・ヒルズから採られた。オロリンのこの発表で、それまでの最古の猿人化石（エチオピアのアルディピテクス・ラミダス）の440万年前という年代は、冒頭のように一気に古く書き改められたのである。この古さは、多くの人類学者の想像を超えるものだっただけに衝撃的だった。

ただ、この発表のし方は不自然だった。このような画期的発見の場合、通例、『ネイチャー』か米科学誌『サイエンス』に論文発表され、同時に各新聞社にサマリーが配信されて刊行同日朝に新聞報道となるのだが、この時は記者発表の方が先行し、けっきょく正式論文が発表されたのは、翌01年2月になってからで、しかも『ネイチャー』でも『サイエンス』でもなく、フランスのさほど知名度も高くない専門誌での発表だった。

この異例な発表方法のために、ビッグニュースにもかかわらず、学界の反応には戸惑いが見られた。

こうした発表方法が採られた理由は、オロリン化石が物議を大いにかもす背景で見つかったからである。オロリン発見を発表した共同研究者のマーティン・ピクフォード（コレージュ・ドゥ・フランス）は、ケニア人類学界の大御所リチャード・リーキーや、発見地での化石探査の権利を持っている米イェール大学のアンドリュー・ヒルと紛争を起こしていた。その直前には、ピクフォードは「盗掘」容疑でケニア捜査当局に逮捕されている。

こうした「曰く付き」発見なら、5、6人ものレフェリーの審査をへなければならない厳格な査読制を持つ『ネイチャー』や『サイエンス』ではリジェクトされた可能性が高い。実際、古人類学研究から引退しているとはいえ、リチャード・リーキーの権威は依然として世界的に高く、彼からケニア国立博物館に出入り禁止措置をくらっているピクフォードが論文筆者となるものなら、査読者は掲載に同意しなかっただろうと思われる。

もう1つ、ピクフォードと共同研究者のブリジット・セヌが急がねばならない事情があった。おそらく2人は噂程度には聞いていただろうが、ライバルのカリフォルニア大バークリー校のティム・ホワイトらの調査隊が、エチオピア、アファール三角地帯の古い地層で、アルディピテクス・カダッバ古型の化石を着々と蓄えつつあった。多数の査読者の目をへねばならない前2誌なら、投稿しても刊行発表まで半年は待たされるのだ。

3　600万年前の年代を発表

それはさておき、衝撃的な600万年前という年代もさることながら、オロリンで重要なのは、頭蓋こそ見つからなかったものの、大腿骨３点など首から下の骨が発見されたことだ。大腿骨の骨頭は大きく、人類的で、直立二足歩行に適応しているという。ヒトが近縁な類人猿であるチンパンジーと決定的に異なるのは、真っ直ぐに立って二本脚で歩くという直立二足歩行の移動様式である。オロリンは、その意味で人類の定義に合致する。

前記論文で、セヌらは化石全体を簡単に記述したが、その約１年半後に今度は同僚のピクフォードが筆頭者となり、大腿骨に絞っての詳細な観察結果を、やはりフランスの専門誌に発表した。そこで、報告者らはあらためてオロリンが完全な直立二足歩行をしていたことを強調した。最初の論文と区別するために、以後これを第２次論文と呼ぶことにするが、その内容に触れる前に、まず最初の論文の要点を以下に簡単に紹介しておこう。

それによると、全部で13点（最低限５個体）のオロリン化石のうち12点は、ケニア西部チューゲン・ヒルズのルケイノ層と呼ばれる地層の４カ所から、00年11月から12月にかけて発見された（大臼歯１点は、すでに1974年にピクフォードが発見済みだった。なお00年以後も、さらに追加の発見があり、化石数は合計22点に達したという）。前記の大腿骨の他に、下顎骨片、上腕骨、歯が見つかっている。

このルケイノ層の年代は、すでに80年代半ばにこの調査地で実績を積むアンドリュー・ヒルらによって発表されていたが、その年代値は約600万年前とされた。その後、ピクフォードらと共同研究している島根大学教授の沢田順弘氏らにより、新たにカリウム－アルゴン法と古地磁気年代法で年代測定され、02年暮れにあらためて600万～570万年前と正式に論文発表された。２つの年代が合致していることからも、ルケイノ層の古さには疑いはない。

4　樹上適応していた？　オロリン

このようにルケイノ層の年代については、間違いはないから、その後に古人類学者からあげられた疑問は、その生き物が本当に直立二足歩行をしていたのかどうかという点だった。

最初の論文で、ヒトに関連しそうな大腿骨の諸特徴がいろいろあげられているが、とりわけ大腿骨頸部に骨と腿とを結び付ける筋肉を付着させる溝（外閉鎖筋溝）が見られることが指摘されている。その形態は、二足歩行をする動物に典型的なものとされる。ところがこの生き物はまた、上腕骨と指の骨の形からある程度、樹上適応もしていたことがうかがえるというのだ。事実、コロブスという森林性のサルの化石の存在など、同層の動物化石を基に推定された古環境は、周辺に森に広がっていたというものである。ピクフォードは、これらをもって二足歩行は樹上で完成した、とマスメディアに語っている。

歯を見ると、当然予測されるように、人類的な部分と類人猿的な部分が入り交じっている。上顎の中切歯と犬歯はホミニン（現生の類人猿を除き、化石猿人を含めた人類全体を指す分類群。「ヒト族」と訳されることが多い）としては大きく、また第四小臼歯も類人猿的だという。大臼歯が比較的小さいことも、猿人的というよりも類人猿的だろう。その一方で、大臼歯を包むエナメル質は厚く、人類的である。全体に原始的で、ヒトと類人猿の共通祖先から受け継いだものだろうという。

こうした特徴は、誕生したての猿人と考えれば不思議ではないが、物議をかもしたのは、彼らの発表した系統図である（図１）。オロリンの600万年前ころの年代から、人類が類人猿と分岐したのはそれより古い900万年前から700万年前とされたが、オロリンの頬歯（小臼歯と大臼歯）のエナメル質が厚いこと、頬歯が相対的に小さいことから、オロリンこそ現代人が含まれるホモ属に連なるものと位置付けられた。その枝の途中に、プラエアントロプスという属が書かれている。プラエアントロプスという属名はなじみの薄い名称だが、420万〜390万年前ころのアウストラロピテクス・アナメンシスと、それに後続する一部のアウストラロピテクス・アファレンシスを含むとされる属である。

5　ラミダスをヒトの系統から外したが

注目されるのは、オロリン発見まで最古とされたアルディピテクス・ラミダスの扱いである。ラミダスの歯のエナメル質が薄いことなどから、この系統はオロリンの祖先より過去に分岐した、現生のチンパンジーに至る祖先とされ、人類の系統から外されているのだ。また猿人の代表者である大部分のアウストラロピテクス類は、750万年前ころにオロリンの系統から分岐した絶滅種に位置付けられている。

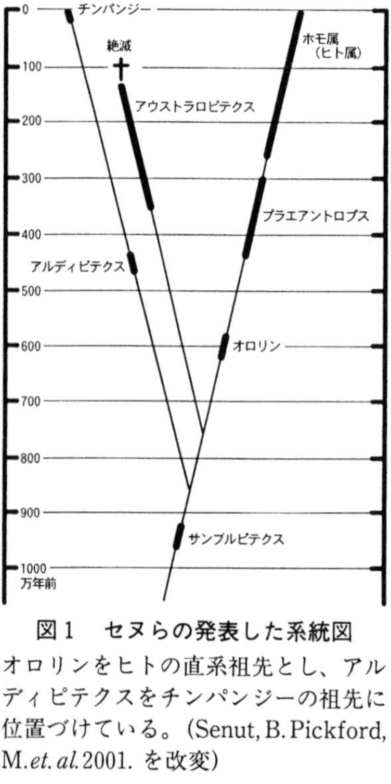

図1　セヌらの発表した系統図
オロリンをヒトの直系祖先とし、アルディピテクスをチンパンジーの祖先に位置づけている。(Senut, B. Pickford, M. *et. al.* 2001. を改変)

この論文筆頭者のセヌは、もともと頭蓋よりも、首から下の体幹部の構造を専門とする研究者で、ハダールのアファレンシスの体幹体肢骨を研究したキャリアを持つ。だからこの主張は、セヌの考えを強く反映していると思われる。これまでセヌは、最古のホミニンのうち、木登り行動に適応した脚の曲がった系統がパラントロプスを含むアウストラロピテクス類に至り、脚の真っ直ぐな系統がプラエアントロプスを経由したホモ属だという考えを大胆に示していた。新たな発見で、自説が補強されたということなのだろう。

ヒトと類人猿の進化を、絶滅系統も含めてたった3本にまとめたのは、かなり思い切った整理だが、ラミダスを人類の系統から外したことは、その後にラミダス発見者側から強い反発を受けることになる。しかも今のところ、彼らの提示した進化系統図は、学界の広い賛同を得ているわけではない。

付記しておけば、興味深いのは、オロリンの大腿骨と上腕骨が、倍近くも若い318万年前の「ルーシー」(カタログ番号 AL288-1) と愛称されるアファレンシス骨格よりも1.5倍も大きかったというセヌらの記述である。これまで人類の系統は、一般的に古くなればなるほど小型化している。セヌらは、ヒトの共通祖先は思ったよりも大きかったのではないか、と提起したわけだ。

6　二足歩行はしていたけれど

第2次論文では、タイトルから明確なように、大腿骨の形態が詳細に考察されている。筆頭者がセヌからピクフォードに代わったこの論文で、ピクフォードらは、長い頚部、前方に捻れた骨頭、前後に平らな頚部等々、ヒト的な様々な特徴をあげている。その結果、「オロリンは常習的に直立二足歩行していたに違いない」と結論付けている。

だがこれらについては、ラミダスの発見者の1人である東大教授の諏訪元氏が、「類人猿と共通する祖先形質であっても不思議でないもの、あるいは種内変異が大きいものからなり、説得力に欠ける」と批判を加えている。オロリンのエナメル質が厚いというのも誤報だと指摘している。これについては、ピクフォードもミスプリントだと認めているようだ。

ただ、諏訪氏はオロリンが直立二足歩行者であったことを否定しているわけではない。特に重視するのは、最初の論文だけでなく第２次論文でも強調されている頚部の後面に溝（外閉鎖筋溝）が認められることである。これこそ股関節を伸展させていたこと、ひいては何らかの直立二足歩行をしていたことの証拠だという。しかしそれでも、アファレンシスほどの直立二足歩行への特殊化は見られず、その前段階だったという立場だ。

オロリンはいつもまっすぐ立って二本脚で歩いていたのか、それともその前段階だったのか——両者の意見の違いは、もっと完全な骨格が見つからない限り、埋まらないのかもしれない。

7　さらに古いラミダス見つかる

オロリンの最初の報告に対する反応は、さっそく01年７月12日号の『ネイチャー』誌の報告で現れた。エチオピアのミドル・アワシュ地区で、90年代からエチオピアの研究者と活動しているティム・ホワイトの率いるカリフォルニア大バークリー校グループの執筆した２本の論文が、それである。中身は、520万～580万年前の、最低限５個体からなる11点の古型アルディピテクス・ラミダス化石を同地区で発見したというものだ。その発見者の１人、ホワイト門下のヨハネス・ハイレ＝セラシエが、自らの発見をその論文の１本で報告するとともに、セヌらへの反論を述べた。なお化石が最初に発見されたのは97年で、99年までは毎年化石が発見されているので、オロリンより明らかに早く見つけていたにもかかわらず、形の上では出しぬかれてしまった。01年７月に発表したのも、オロリンに刺激されてのことだったのだろう。

まず、新しく発見された化石について触れておこう。

新化石は、２つのまとまりに分かれ、新しいグループは520万年前ころ、それより古いグループは554万～577万年前の間に位置付けられるという。92年に発見され、94年に発表・命名された従来型のアルディピテクス・ラミダスは、冒頭に記したように440万年前ころとされているので、新発見の化石は、それを一挙に100万年前後も古くしたことになる。なお年代決定は、いずれも現時点で最も正確な「時計」とされるアルゴン－アルゴン法という放射年代測定法によっている。

8　亜種名カダッバと命名

ハイレ＝セラシエは、新発見の化石を一括してアルディピテクス・ラミダスとまとめる一方、440万年前のものより歯が原始的なところから、新たな亜種名をつけ、アルディピテクス・ラミダス・カダッバと名付けた。1つの種が100万年以上継続することは、十分にありえるので、新種に位置付けなくとも不自然ではない。ただ報告者は、将来標本が充実した場合、別種に位置付けられることもあるかもしれないとも示唆した(実際、04年3月5日号の『サイエンス』で、新たに見つかった歯を加えて、ハイレ＝セラシエらのグループは、新グループと古グループを一括して「アルディピテクス・カダッバ」に変更し、ラミダスと分離して新種に位置付けている)。なおカダッバとは、現地のアファール語で、「家族のおおもとの祖先」という意味である。

化石は、440万年前の化石が発見されたアラミス地点から南西に約20キロ離れている5カ所の地点から見つかった。遊離歯が多いが、手の骨、腕の骨（上腕骨と尺骨)、鎖骨、顎骨、それに足の指も含まれている。後述するが、この足指がカダッバに重要な意義を持たせるのである。ただ残念ながら、オロリン同様に、頭蓋は見つかっていない。

ハイレ＝セラシエが重視するのは、下顎犬歯がへら状化するなど細かい特徴で、後のホミニンと共有する新たに現れた（つまり派生的な）特徴が観察できるということだ。これは、セヌらへの反論でもある。セヌらのアルディピテクスのエナメル質が薄いという指摘に対して、同じ種内でも違いがあるうえ、自然に壊れた歯の断面からエナメル質が厚い、薄いというのは、単純な二分法として、問題が多いと退ける。逆に、オロリンの上顎犬歯にアルディピテクスや他のホミニンにある派生的特徴がないとして、原始的だと反論している。また、オロリンの直立二足歩行の解剖学的構造にも疑問を呈して、セヌらに反撃している（もっとも論文発表後に、オロリンの二足歩行そのものについては認める立場に転じた)。

9　足指から直立二足歩行を推定

こうしてハイレ＝セラシエは、自らの発見したカダッバが人類の祖先であることを擁護しているわけだが、前記の歯の特徴の他に、足指の形も重要な根拠の１つにあげる。足指の根もとの１つが発見されているが、後ろ側の関節面がやや上向きになっていて、二足歩行で足を蹴り出すのに適応した形を示しているというのだ。

このように、セヌ組とホワイト組とは、互いに自説を譲っていないが、確かなことは、どうやらオロリンもカダッバも、ともかくも二足歩行をしていたらしいということだ。そうだとすると二足歩行の起源はもっと古く、あるいは２度以上起こったという可能性が出てくる。化石の年代から考えて、両者の間に子孫－祖先関係はなさそうだからだ。また後にハイレ＝セラシエが示唆したように、両者は同一種の可能性もある。

ただ現在、地球に住む哺乳類で、直立二足歩行をする生き物は人類以外に皆無だし（脊椎動物門に広げて見渡しても、ペンギン以外、いない)、過去にも存在したという証拠はない。したがってもう少し古い段階に二足歩行が進化し、オロリンもカダッバも、そこから分岐した可能性もある。証拠は断片的で、わずかしかないから、現時点では決定的なことをまだ言いにくい。

なお断っておくが、この2つのうちのどちらか1つが今日の私たちホモ・サピエンスにつながったという保障はない。両者とも、実は子孫を残さなかった絶滅組である可能性の方が、むしろ高いかもしれない。アメリカの古人類学者バーナッド・ウッドら、研究者によっては23種も数えあげる人類種の揃い踏みを考えれば、人類誕生期に様々な種が派生したことは十分に考えられるからだ。

10　最古のヒトか？　サヘラントロプス

02年7月に、最古の人類の候補者が『ネイチャー』誌上でベールをぬぎ、各紙が競って1面で報じたことは記憶に新しい。北部チャドのジュラブ砂漠のトロ＝メナラ（TM）地区の砂漠で、01年7月から02年2月にかけて発見されたサヘラントロプス・チャデンシスである（図2）。愛称は、現地語で「生命の希望」を意味する「トゥーマイ」という。報告したのは、フランス人古生物学者ミシェル・ブルネを筆頭者に置くフランス、チャドの研究者たちだ。

この発表は、いくつもの驚きを研究者にもたらした。

第1は、もちろんその古さである。オロリンやカダッバよりもさらに古く、600万年前から古く見れば700万年前にも達するという。なぜ明確な年代が定まらないかは、後述する。

第2は、その発見地であり、ある意味

図2　サヘラントロプス・チャデンシス

ではこれは最古の記録を更新したことよりも意義深いかもしれない。つまりこれまでの発見と異なり、発見地はアフリカ東部を南北に貫く大地溝帯から2500kmも西方の北部チャドであったことだ。これまで、古い人類化石を産出する地域は、大きく分けて東アフリカと南アフリカの2地域にほぼ限定されていた。新発見化石は、そのいずれでもなく、したがって初期ホミニンの生態に重要な謎を投げかけたのである（ただし95年に、ブルネらは同地で350万年前ころのアウストラロピテクス顎骨を見つけている。ブルネらは、この化石、愛称「アベル」にアウストラロピテクス・バルエルガザリという新種名を付けたが、同年代に東アフリカで広く見つかっているアウストラロピテクス・アファレンシスではないか、という説もある）。

第3に、オロリンもカダッバにもなかったほぼ完全な頭蓋が発見された。下顎の一部を欠くだけで、頭蓋の95%が残っていた。ちなみに年代のはっきりしたホミニン頭蓋で古いものと言えば、350万年前ころのケニアントロプス・プラティオプスとそれとほぼ同年代かやや若いアウストラロピテクス・アファレンシスにまで新しくなる。これらより倍近くも古いサヘラントロプスの完全な頭蓋の発見がいかに画期的なものであったかが、わかるだろう。ただ皮肉にも、頭蓋は見つかったのに（他に下顎の破片2点と遊離歯3本）、オロリンとカダッバのような四肢骨は1点も発見されなかった。

11　年代推定は生物化石から

01年12月にフランスで現物の頭蓋を観察した諏訪氏も、人類起源の論議に欠かせない素材の発見、と高く評価する。激しい砂嵐によって砂が吹き飛ばされ、埋没地から頭蓋は一部だけが顔を出し、ほとんどは堆積土に埋まっていたという。風砂による風化をほとんど受けていないため、ごく最近に風による浸食で顔を出したものを見つけ出したのだ。だだっ広い砂漠で、たまたま頭蓋化石を見つけられたのは、強運以外の何ものでもない。

ただ、600万〜700万年前という公表年代の方は、厳密に言うと、必ずしも正確ではない。というのは、古い地層に幾重にも広域火山灰が積み重なっている東アフリカと違い、チャドで火山灰は見つかっていないからだ。その意味では、やはり火山のない南アフリカと条件は同じだ。火山灰層さえあれば、この中から放射年代測定に使える鉱物を抽出でき、したがって化石を挟む上下の火山灰層の年代を測定し、化石そのものの年代を絞り込める。サヘラントロプス発見地には、年代推定の一方法である古地磁気を測定するのに適当な地層もなかった。

したがって年代決定は、南アフリカで行っているのと同様、サヘラントロプス化石と一緒に見つかった42種に達する豊富な動物化石を基にした生層序学的方法（biochronology）に頼った。生層序学的方法というのは、東アフリカのように絶対年代のわかっている動物相と比較し、その動物相を「時計」代わりにして新旧を調べる方法である。いずれもケニアにあるロサガム地区のナワタ層（520万〜740万年前）とルケイノ層（オロリンの出土層である）の古動物相と類似する要素があるが、ルケイノ層よりも古く、ナワタ層の基底部に対比できるという。前記の600万〜700万年前の推定値は、ここから導かれたわけだが、その意味では東アフリカほどの確実さのないことは念頭に置いておく必要がある。

12　二足歩行の直接証拠はないが

前記のように、サヘラントロプスの場合、四肢骨も体の骨も見つかっていない。したがって報告者らも認めるように、ヒトの証明である二足歩行をしていた直接証拠はないことになるが、頭蓋基底部と顔面部の形態がまぎれもなく二足歩行をする後世のホミニンと類似しているということから、サヘラントロプスがヒトであることは間違いないと思われる（その後、長い間地中に埋没していたことによって地圧で歪んだトゥーマイ頭蓋は、コンピューターによって復元し直され、その形態から直立二足歩行していた可能性がさらに高まった）。

顔面下部の前方への突出は、チンパンジーやアウストラロピテクスよりも弱い。犬歯は上下とも小さく、犬歯の頂点が摩滅しており、上顎犬歯が下顎小臼歯により後方から研がれたように摩滅する「ホーニング」の特徴が見られず、類人猿と異なる。類人猿に特徴的な、犬歯を納める歯隙も見られない。食性を表す臼歯のエナメル質は、まだ硬い食物を食べる適応が不十分だったのか、チンパンジーよりも厚いが、アウストラロピテクスよりも薄くなっている。

以上は、サヘラントロプスの人類的な特徴だが、同時に当然ながら原始的な特徴も目立つわけで、たとえば頭蓋の小さな脳容量はその１例だろう。暫定値だが320～380ccとされ、これまでの知られたどのホミニンよりも小さく、現生チンパンジー並みである。頭蓋の眼窩上隆起は、類人猿のように分厚く、したがってこの個体は、オスだと考えられている。ブルネらは人類的な派生的特徴と原始的特徴がモザイクのように混じり合っていると強調するが、それもこのホミニンの古さの証明と言えるかもしれない。付け加えれば、オスと考えられるにもかかわらず、前述のように類人猿ほどの犬歯の発達が見られないことは印象的である。類人猿のオスは、メスを他のオスと争うために、大きな犬歯を発達させているからだ。

なお同じ号に掲載されたウッドの解説では、頭蓋を後ろから見るとチンパンジーのようだが、前から見ると進歩したアウストラロピテクスに似ている、としている。ただ、この頭蓋を実際に見た諏訪氏は、そのような所見は見られなかった、と否定的だ。

サヘラントロプスについては、発見当初から一部でゴリラなど類人猿の祖先ではないかとささやかれていたが、02年秋に正式に『ネイチャー』短信欄にその疑義が出された。アメリカの古人類学者ミルフォード・ウォルポフを筆頭に、セヌ、ピクフォードも名を連ねた「サヘラントロプスか、それともサヘルピテクスか？」と題したコメントである。ウォルポフらは、サヘラントロプスの「ヒト科と関連付けられるとする歯列、顔面、頭蓋底部の諸特徴は、バイオメカニカルな適応の結果だ」などとして、ヒト科に入れることに疑問を呈している。ただし首をかしげたくなるのは、ウォルポフら短信の筆者たちは、誰一人としてトゥーマイ頭蓋を見ていないのだ。彼らは、発表論文に掲載された写真を基に後頭部の首の筋肉が付いていた面の長さと角度を計測し、類人猿に似ていると疑義を呈したのだ。

もちろんブルネは、直ちにこれに反論した。現物の観察なしに発表したことへの怒りとともに、トゥーマイ頭蓋は地圧でひどくつぶれていたことを考慮に入れていない、と批判した。歪んだ効果を補正すると、頭蓋底部の角度と長さは、早期の人類に期待される変異内に納まるという。現物を観察した諏訪氏も、ウォルポフらの異論を問題にしていないし、多数の古人類学者の支持を受けているようには思えない。詳細な年代はともかく、サヘラントロプスを人類の仲間に加えても差し支えないものと思われる。

13　古環境は湖畔の河谷林

サヘラントロプスの暮らした環境も、興味深い。『ネイチャー』の同じ号に載ったパトリック・ヴィノーらの前記論文によると、発見された動物化石として、魚類やワニ、カバなどが見られる。現在は、強風が吹きすさび、あちこちに砂丘が形成されている厳しい砂漠の環境だが、当時は古チャド湖がかなり拡大していたことが明らかとなった。ウシ科の骨が哺乳類化石の半数を超え、またサルの仲間も見られるから、湖畔の周囲に河谷林が延びる一方、草原も広がり、その外側に砂漠があるというモザイク的様相を呈していたのだろう。この古環境は、森林の卓越したアルディピテクスとオロリンの暮らした環境とは、いささか異なる。後にブルネは、この環境をナミビア内陸のオカヴァンゴ・デルタになぞらえた。砂漠の中のオカヴァンゴ・デルタは、一定の季節になると上流に降った雨が流れ込み、広大な湿地になる。そこには河谷林も湿地も草原もある。

多くの古人類学者は、直立二足歩行という移動様式は森林で発生した、と考えている。進化はランダムに進むので、サバンナに進出するために二足歩行が進化したという合目的的説明は採用しがたいからだ。第一、防衛手段を何1つ持たない（石器製作は260万年前ころにならないと始まらない）、チンパンジー並みの体格の初期ホミニンがサバンナに出れば、たちまち捕食動物の餌食となり、子孫を残せなかっただろう。

そう考えると、アルディピテクスやオロリンの暮らした環境と、サヘラントロプスのそれとは、一見すると食い違うようだが、サヘラントロプスは河谷林に生息していた、と考えれば矛盾はないだろう。

14　西アフリカにも広がっていた？

サヘラントロプスが大地溝帯からはるかに離れた西方で見つかったことは、これまで考えられたのと異なり、ホミニンが東アフリカか、（可能性は小さいが）南アフリカで産声をあげたという漠然とした常識に、大きな疑義を生じさせた。もっとも20ページでも触れたように、チャドでの古人類の発見はこれが初めてではない。95年にブルネは、同じチャドのより東方のコロ＝トロでアウストラロピテクス・バルエルガザリ（愛称「アベル」）の発見を報告している。年代は、300万～350万年前ころと見られる。この場合は、東アフリカに誕生した猿人が、後に森林伝いに西へ拡散したと考えれば、まだ理解可能だった。ところがサヘラントロプスほどの古い時代に、チャドにホミニンがいたとなると、もはや人類の起源地を東アフリカ、と単純に考えられないことになる。化石類人猿からヒト化が始まったのがどこだったの問題に、再考を迫ることは間違いない。

仮にホミニンの起源が従来観どおりに東アフリカだったとすれば、それはそれで、また新たな問題を提起する。サヘラントロプスは人類のルーツ近くに位置付けられると思われるので、分布域の拡大は想像以上に速かったということになる。しかもかつて深い森林があったとは考えにくい場所での発見だけに、生態的適応能力も想像以上のものがあったことになるだろう。そう考えると、南アフリカでもやがて古いホミニンが見つかるだろう、と予測できる。ちなみに現在、南アフリカ最古の化石の年代は400万年前くらいになる。99年に発表されたホミニン最古の完全骨格 Stw573（愛称「リトル・フット」＝第２章参照）標本である。リトル・フットの出たステルクフォンテインのジルベルベルク洞窟部層２の年代が放射年代測定法で400万年前ころという測定値が出ているから、400万年ころには南アにもアルディピテクスの仲間が拡散していたかもしれない。

さらに初期人類の適応の広さを考慮すれば、ブルネらが予想するように、化石こそ未発見だが、今日のチンパンジーのように西アフリカにも初期ホミニンは分布していたのかもしれないのだ。

では、サヘラントロプスは私たちホモ・サピエンスの直接祖先なのだろうか。それについては、不明と言うしかない。サヘラントロプスは、人類系統樹の幹に相当したのかそれから枝分かれした小枝であったかは、これだけでは誰も判断できないだろう。何度も繰り返したように、化石証拠が乏しいことも一因だが、バーナード・ウッドが指摘するように、サヘラントロプスは500万～700万年前のホミニンの多様化した一群の中の氷山の一角であった可能性を排除できないからだ。しかし直系にしろ傍系にしろ、サヘラントロプスが系統樹の根っこの近くに位置したのは間違いないのである。

なお04年の『サイエンス』誌の報告で、ハイレ＝セラシエらはラミダスの亜種としていたカダッバを、アルディピテクス・カダッバと新種に格上げする一方、アルディピテクス、サヘラントロプス、オロリンの３属を１つの属にまとめるよう、提案している。ただ、サヘラントロプスには頭蓋はあっても四肢骨はなく、オロリンには大腿骨はあっても頭蓋は伴わない。そしてアルディピテクス・カダッバには、爪先の骨はあるが、大腿骨も脛骨もなく、頭蓋もない。つまり３種の重複する部位がないのだ。したがって、この３種の地位が最終的にどこに帰属するのかは、まだ不明と言うしかない。

15　迫られる分子証拠の見直し

こうして20世紀末から02年にかけて、これまでの記録を塗り替える古い化石が次々に見つかったわけだが、さてそれでは、人類の起源は、いつ頃までさかのぼれるのだろうか。カダッバより年代的に若い94年発表のアルディピテクス・ラミダスがその原始性と440万年前ころという年代から、ひところは500万年前前後が有力視されていたことは冒頭に述べた。分子人類学の成果も、その裏付けの１つだった。

分子人類学は、現生のヒトと類人猿との間にある遺伝子の塩基の違いに目を付け、その違いを基に、ある物差しに従って分岐年代を推定する手法である。95年に発表した論文で、故・宝来聡氏らは、オランウータンの祖先とヒト・アフリカ産類人猿の分岐を1300万年前とし、これを物差しに用いてミトコンドリアDNA遺伝子の違いから、ヒトがチンパンジーと分岐した年代を約490万年前と算出した。筆者も、化石と矛盾しない年代値であることから、長い間、これを使っていた。

しかしそれより古いホミニン化石が相次いで見つかった今では、この数値は見直しが必要である。物差しであるオランウータンとの分岐は、もう少し古かったと見なければならない。研究者によっては、物差しも様々で、統計数理研究所教授の長谷川政美氏によると、中にはクジラと偶蹄目との分岐年代（5500万年前）を物差しに、ヒトの分岐を1000万年以上前とする研究者もいるという。

16　700万年前の年代でもおかしくはない

長谷川氏らのグループは、最近、ミトコンドリアDNAでコードされた12個のたんぱく質のアミノ酸配列を用いて、胎盤を持つ哺乳類である真獣類37種の進化関係とその分岐年代値を算出するという壮大な成果を発表している。真獣類の起源を、1億6000万年前（±1000万年）とし、その後の分岐を化石証拠などに基づいたいくつもの年代幅の制約を付け加え、ヒトとチンパンジーの祖先の分岐年代として670万年前（±90万年）という値が導かれた。サヘラントロプス化石証拠の年代と重なり合い、その意味で化石証拠と矛盾していない。ちなみにオランウータンとの分岐は、地質学的証拠から1300万～1800万年前という制約を加えていたが、分子時計の結果は1630万年前（±130万年）と出た。なお同論文が執筆されたのは、オロリンなどの報告前なので、それに影響されたわけではない。

長谷川氏らの推定値を基にすると、誤差を加味すれば、人類起源を700万年前にさかのぼらせても、不都合はないことになる。たとえサヘラントロプスの年代幅のうち最古値を受け入れても（しかも、この年代自身いま１つ確実さを欠く）、分子の証拠と整合性はある。1000万年前まではさかのぼらないだろうが、たぶん700万年前前後が、人類誕生の時なのかもしれない。

分子の年代になぜ頼らなければならないかというと、この時代の化石が極端に乏しいからだ。だからオロリンのような発見があると、人類起源の年代も簡単に見直しを迫られるわけだ。ちなみに東アフリカでのオロリン以前のホミニンに近縁な化石となると、いきなり950万年前ころに飛んでしまう。京都大学（当時）の石田英実氏らが82年にケニアで見つけた化石類人猿で、サンブルピテクス・キプタラミという。上顎の破片だけなので詳しいことは分かっていないが、石田氏らもホミニンではなく、それよりも上の分類単位であるホミノイド（ヒト上科）と呼んでいる。サンブルピテクスは、アフリカ類人猿とヒトの共通祖先か、それに近い種と考えられている。話は、まだ人類の誕生前なのだ。

以上のように、化石証拠が少ない現状は、ほとんどのピースの欠けたジグソーパズルを連想させるのである。

追　記

本書原稿を編集部に提出した直後、８月23日号『ネイチャー』に、人類起源をさらに遡らせる可能性を開いた発見報告が載った。諏訪元・東大教授らとエチオピア研究者らの共同調査隊が、エチオピアの首都アディスアベバ東約170㎞のアファール地溝帯南縁にある1000万～1050万年前の「チョローラ層群」で、ゴリラの祖先にあたると思われる新種の大型類人猿化石を発見したというリポートである。

新しく見つかったのは、ゴリラ大のサイズを持つ、犬歯１本、臼歯８本の計９本の歯で、エナメル質は厚い。マイクロCT画像の分析や臼歯表面に見られるゴリラに特有な凹凸の発達などから、諏訪氏らは、新発見の歯をゴリラの祖先に当たる新種類人猿と結論付け、地層名と地名から「チョローラピテクス・アビシニクス」と名付けた。歯の特徴は、植物の葉や茎の繊維質の食物を食べやすい適応、としている。

類人猿は1800万年前ころのプロコンスルのように、もともとアフリカで起源し、その後、ユーラシアに拡散し、そこからアジアでシヴァピテクスが派生し、現生のオランウータンが出現したと考えられている。ところがこれまでアフリカではこの時代の類人猿化石は極端に少なく、したがって一部研究者は、いったんユーラシアに出ていったゴリラ・チンパンジー・ヒトの共通祖先が、再びアフリカに舞い戻り、そこからそれぞれの種に分岐した、と考えていたが、チョローラピテクスの発見により、オランウータンの祖先になったユーラシア拡散種と別に、アフリカにそのまま留まった種から、ゴリラ、チンパンジー、ヒトが順繰りに進化してきたらしいことがはっきりした。

同時にこの発見により、従来は800万年前ころと考えられた共通祖先からのゴリラの分岐は、少なくとも200万年、場合によっては300万年早い、1200万年前に繰り上がることが確実になった。これにつれて分子時計で想定されていたヒトとチンパンジーの分岐も、従来の650万年前ころから700万～1000万年前に繰り上がることになるという。

600万～700万年前とされるチャドの最古の人類サヘラントロプスの前に、さらに一段階古い人類が存在した可能性が出てきた、と言える。諏訪氏らの同僚のティム・ホワイトたちは、さっそくこの空白年代の地層で、最古のホミニン（ヒト族）化石探しを始めているに違いない。

第2章　その後の猿人とホモ属

1　発見相次ぐヒト

前章で述べた2002年のサヘラントロプスの衝撃的な発表後、新種人類の発見は途絶えている。

それでも、その後も化石人類の発見は、相次いでいる。

例えば、サヘラントロプスなど中新世人類と匹敵するニューフェースと言えば、これとは対極に位置する新しい年代を持つホモ・フロレシエンシスであろう。最も新しいものでは、日本の縄文時代草創期に匹敵する。これほど新しい時代まで、ホモ・サピエンス以外の人類、しかもジャワ原人の系統が生きていたというのは、衝撃的である。なお、この意義については、別の章であらためて詳述する（第7章）。

現在の古人類学界では、新化石が発見されると、記載した研究者がそれを新種名に設定することが多い。新化石に見られる既存の種との違いを重視し、細かく種名設定する傾向の研究者をスプリッター（細分類派）と呼び、東アフリカでの人類化石発見の先鞭を付けた故ルイス・リーキーはその代表者である。今日の古人類学界では、ルイスのようなスプリッターが主流だ。

それと反対に位置するのが、化石個体間の細かい違いを個体差、性差と認識し、広い意味で同一種に属する、とみなす研究者たちだ。彼らは、ランパー（包括分類派）と呼ばれる。アメリカ、ミシガン大のミルフォード・ウォルポフはそのチャンピオンであり、彼によればホモ属はたった2種しか認められない。前記ホモ・フロレシエンシスは、ホモ・サピエンスの一部とみなされる。

エチオピアで現在も精力的な調査活動を続けるアメリカ、バークリーのティム・ホワイトも、ランパーのC・ローリング・ブレースにミシガン大で師事し、またウォルポフとは同大で机を並べて学んだ仲なので、ランパーの1人に数えられるだろう。しかし、そのホワイトですら、アメリカ、人類起源研究所のドナルド・ジョハンソンがエチオピアのハダールで見つけた化石群に、ジョハンソンと共同で新種名「アウストラロピテクス・アファレンシス」を設定したほか、アファール低地で自らが発見してきたホミニン化石に、アルディピテクス・ラミダス、アウストラロピテクス・ガルヒ、アルディピテクス・カダッバを新種として記載している。

このようにめまぐるしいまでに新種が設定され続けるのは、発見が相次いでいるからで、それとともに人類種数は、今では軽く20種を越える。それを覚えるだけでも、専門外の人には大きな負担になるほどだ。ただ、現状を認識していただくために、大半の古人類学者が認めるホミニン種を、古い方から以下に挙げてみよう。

2　23種にも達するホミニン

第1章で取り上げたサヘラントロプス、オロリン、アルディピテクス・カダッバという中新世人類に加え、440万年前のアルディピテクス・ラミダスが古型ホミニンを構成する。

その後、おそらくこれを母体に、420万年前ころには最初のアウストラロピテクス属が現れる。後述するアナメンシスを皮切りに、その後に古い順にアファレンシス、バルエルガザリ、アフリカヌス、ガルヒ、ハビリス（ホモ・ハビリスとする見解もある）の6種が後続する。このうちアフリカヌスだけは、南アフリカでしか確認されていないので、南アフリカの地域種だと考えられている。

その他に、アウストラロピテクスの系統に連なると思われるケニアントロプス・プラティオプス、その後継者と思われるルドルフェンシス（ホモ・ルドルフェンシスとする見解もある）がいる。

さらにアウストラロピテクスから派生し、特殊化を強めて、頑丈な頭蓋を進化させたパラントロプス・エチオピクス、ボイセイ（東アフリカ）、ロブストス（南アフリカ）という、いわゆる「頑丈型猿人」パラントロプス属がいる。南アのロブストスは、先行するアフリカヌスから進化したと思われが、ほぼこれと年代的に並行する東アフリカのエチオピクスから派生した可能性もある。ここまでで、15種に達する。

我々ホモ・サピエンスの祖先に当たるホモ属の起源についても、謎が多い。エチオピアのゴナ遺跡に代表されるように、260～250万年前ころに東アフリカで一斉に出現するオルドワン・インダストリーの製作者は、ホモ属と考えられる。このころに肉食を始めたと思われるアウストラロピテクス・ガルヒ（250万年前）は、ことによるとホモ属に分類される可能性もあることから、このころに初期ホモが出現した、と見られる。ただしかつて初期ホモの代表と考えられていたハビリスとルドルフェンシスは、それぞれアウストラロピテクス属とケニアントロプス属に分類し直す考えが有力なので、本書では、一応その立場をとっているが、不確定要素が多い。

そうなるとホモ属最古の種は、東アフリカのホモ・エルガスター（195万年前まで遡れる）になるが、これもホモ・エレクトスに統合しようという考えが有力となっている。この種を残しつつ、その並行種、後続種を挙げると、ホモ・グルジクス、エレクトス、アンテセソール、ハイデルベルゲンシス、ネアンデルターレンシス、サピエンス、フロレシエンシスとなる。エルガスターを勘定に入れると、ホモ属だけで８種に達する。これで、総計23種である。

ただ、これでもまだ少ないのかもしれないのだ。化石発見の度に、新種が増えていくことからすれば、未だ発見されない種も多数のぼると考えられる。特に520万～450万年前にかけては、化石の空白期があり、ここに未発見の種の潜んでいる可能性が高い（巻頭の図参照）。また研究が進めば、既存の化石からも新種が見つかる可能性も考えられる。特に南アでは、後述する Stw 573 化石などのように、その可能性のある標本が多数ある。

3　ミドル・アワシュでアナメンシス発見

2006年、エチオピアでの２つの大きな発見が発表されたが、この１つの発見によりアルディピテクス属からアウストラロピテクス属へとつながる空白がある程度埋められた。またもう１つの発見は、人間に特徴的な成長遅滞がアウストラロピテクスで始まっている可能性を示した。なおこれらについての解説は、筆者が最近、翻訳・刊行したばかりの『最初のヒト』（アン・ギボンズ原著、新書館）の訳者後書きで詳述したので、ここではごく簡単な説明に留める。

まずホワイトらの国際調査隊が、『ネイチャー』2006年４月13日号に載せた報告により、エチオピア、ミドル・アワシュ地区発見のホミニン化石が、アルディピテクス・ラミダス（440万年前ころ）とアウストラロピテクス・アファレンシス（360万～290万年前）との間に空いた空白を埋めた。この間、ケニアで420万～390万年前のアウストラロピテクス・アナメンシスのいたことがすでに確認されていたが、エチオピア北東部では初めての発見である。

それらの化石は、左上顎骨（第14地点）、成体右大腿骨、歯など（以上はアサ・イッシー地区）約30点で、最低9個体分から成る。大腿骨は、アウストラロピテクス属では最古になり、歯の中にはこれまでに見つかったホミニン犬歯としては最大のものが含まれる。共伴した動物化石から、このホミニンは、すでに発見されているラミダスと似た森林環境で暮らしていたと考えられた。

新化石の年代は、精密に調査され、アルゴン－アルゴン法で年代測定済みの火山灰層との対比から、おおむね420万～410万年前に当たると判断された。ちなみにこの年代は、生層序学の方法でも裏付けられている。またこの年代は、約1000㎞離れたケニア、ツルカナ湖西岸で、ミーヴ・リーキーらによって発見されているアウストラロピテクス・アナメンシスの年代幅とも重なる。

かねてよりアナメンシスの大腿骨が見つかればアファレンシスのものとよく似ているだろうと予測されているように、新発見大腿骨（ASI-VP-5/154標本）は、これより小型のアファレンシス左大腿骨「ルーシー」ことAL-288-1と、予測どおりに酷似していた。また歯の大きさ、形態も、ラミダスとアファレンシスとの中間に納まる一方、発見済みのアナメンシスとよく似ていた。

こうしたことから、ホワイトたちは、これらはラミダスではなく、アナメンシスと結論づけたのである。実際、これまでにアサ・イッシー地区ではラミダス化石は1点も見つかっていない。もうこの年代には、ラミダスは姿を消していたらしいのだ。半面、ラミダスのいた440万年前以前には、アウストラロピテクスが現れていた形跡は見られない。つまりホワイトらの見つけた新化石は、最古の猿人アナメンシスの出現直後のものなのだ。

そうなってみると、アルディピテクス・ラミダス→アウストラロピテクス・アナメンシス→アファレンシスという時系列が成立する。そして、ホワイトらが注目したように、ミドル・アワシュでのラミダスからアナメンシスへの移行は、たった20万年間という化石記録の上ではごく短期間のうちに急速に進んだことが明らかになった。アナメンシスの歯に見られる摩耗の激しさから、この人類にいたってラミダスよりも硬い食資源を開発したことがうかがえ、それが新しい種形成につながったのだと見られる。

4　驚異的保存の良さの3歳女児骨格

これまで多くの人類化石を産出してきたエチオピアのミドル・アワシュ地域には、海外からの遠征してきた多数の調査隊が展開している。次に挙げる発見は、これまでエチオピア古人類調査史の中では初めて顔を出すグループによってなされた。

それが、ドイツ、マックスプランク研究所のツェレゼネイ・アレムゼーゲトらの率いるディキカ・リサーチ・プロジェクト（DRP）であり、彼らがディキカ調査区で発見した3歳のアウストラロピテクス・アファレンシス女児の骨格の報告は、世界を驚かせた（『ネイチャー』2006年9月21日号）。女児骨格 DIK-1 は、現地語で平和を意味する「セラム」という愛称で呼ばれる。

この発見の意義は、いくつも挙げられるだろうが、ネアンデルタール人とホモ・サピエンス以外では唯一の幼体の全身骨格が回収されたことは、まず驚異的である。年代は、出土層位がシディ・ハコマ部層堆積層であり、同部層はアルゴン－アルゴン法で335万～331万年前と測定されていることから、アレムゼーゲトらはセラムに330万年前という推定値を与えている。これほどの古さで、しかも骨化が十分に進んでいない幼体で、骨格のかなりの部分が保存されたことは奇跡的である。

頭蓋は、前頭部や側頭骨を除いてほぼ完全で、左下顎乳犬歯歯冠を除いて乳歯もすべて保存されていた。欠けた部分を補うように、完璧に近い脳の頭蓋内鋳型が残っていた。この点で、セラムは第2の「タウング・ベイビー」(南アフリカ出土＝図3）とも呼べる。タウング・ベイビーと異なるのは、セラムは首から下の骨も揃っていたことだ。骨盤と腕の骨の一部を除き、下肢骨、肩甲骨、頚椎、肋骨などを含むほぼ全身が残っていた。これらほとんどは、原位置を保って見つかっている。

これほどの完全な幼体を求めるとすれば、シリアのネアンデルタール人幼児、デデリエ2号まで、325万年も繰り下がらなければならない。ちなみにホモ・エレクトス以前の全身骨格としては、有名な「ルーシー」(318万年前のアファレンシス)、「ツルカナ・ボーイ」(153万年前のホモ・エルガスター＝図4)、そして1994年にアラミスで発見されたラミダス（未発表)、さらになお角礫岩中に埋まった状態とされる南アフリカ、ステルクフォンテイン洞窟群のジルベルベルク洞窟内の部層2に眠る種未定のアウストラロピテクス（Stw 575＝「リトル・フット」）に次いで、これが5例目となる。

またセラムでは、やはり325万年近くは新しくしなければ類例の見つからない舌骨も保存されていた。それまでの最古の舌骨化石は、ネアンデルタール人のイスラエル、ケバラ2号（通称「モシェ」）だったが、こちらもさらに一気に古くしたのである。ちなみにケバラ2号の舌骨は現生人類そっくりだったが、セラムのそれはゴリラに酷似しているという。これが、言語や社会的行動といかなる関係にあるかは、よくわかっていない。

これほどの保存の良さは、肉食獣やハゲワシに食われる前に、死後に速やかに大洪水に流され、そのまま埋没し、酸素から隔絶されたからだと考えられている。事実、セラムの発見地は、湖に緩やかに流れ込む旧川底だった。

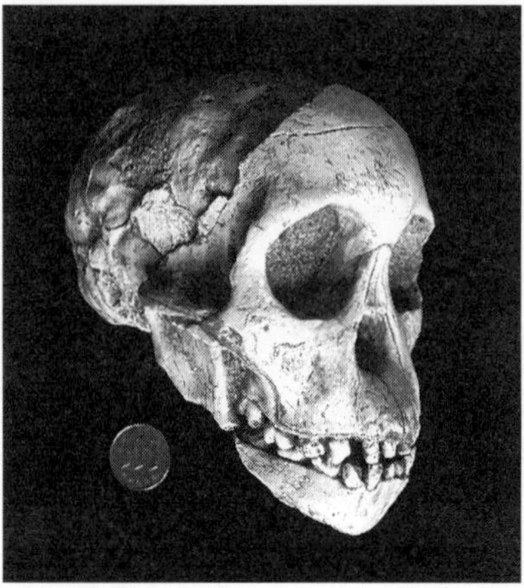

図3　タウング・ベイビー

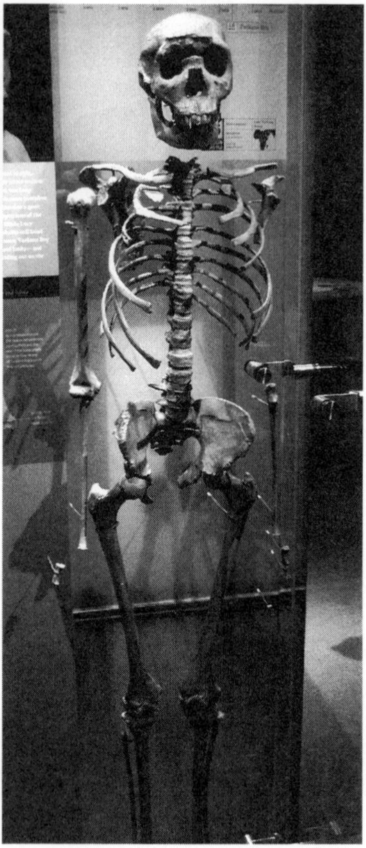

図4　ツルカナ・ボーイ骨格。ホモ・エルガスターとされるが、ホモ・エレクトスに含められることが多い。

5　下半身は人間、上半身は類人猿

年齢査定と性別判定は、歯によって行われた。永久歯は未萌出だったが、第一大臼歯は歯根のみならず歯冠も発達していて、第二大臼歯の一部歯冠もその兆しを見せていた。ここから、セラムの死亡推定年齢約3歳が導き出された。また完全に形成された永久歯冠のCT計測値を、既知のアファレンシス標本と対比し、メスと判定されている。

セラムがアファレンシスと決定されたのは、顔面形態などが既知のアファレンシス幼体にそっくりだからで、年代からしてもアファレンシスとして矛盾はない。

注目すべきは、ルーシーなどでも見出された「下半身は人間、上半身は類人猿」というモザイク性が、セラムでも再確認されたことである。セラムの手の指は長く湾曲し、枝をつかみやすくなっているうえ、肩甲骨の形状はゴリラの幼体に近い。それでいて、脚だけは完全に直立二足歩行に適応しているのである。アファレンシスは、木登り行動を頻繁に行っていた樹上生活者でありながら、木から下りればしっかりと歩いていたのであろう。

もう１つ興味深いのは、この幼体の頭蓋内鋳型から推定される脳の大きさである。地圧による歪みを補正すると、300cc 前後と推計された。この数値は、同年齢のチンパンジーとほぼ同じ大きさで、アファレンシス成体メスの推定値 400cc 前後の65〜88％に相当するという。この発達程度は、現生人類とアフリカ産類人猿の変異内に入るものの、セラムと既知のアファレンシス幼体 AL335-105 の成体に対する比は、アフリカ産類人猿の平均（３歳で平均90％）を下回り、大まかに言えば現生人類の平均発達度の線上に乗るという。

現生人類の幼児の脳容量が成人に対して相対的に小さいのは、成人の脳が大きすぎるほどに発達したためだ。それに比例して胎児の脳を大きくすれば、母体を危機にさらす。そのリスクを避けるために、現生人類の脳は「小さく産んで大きく育てる」という二次的晩熟性を進化させたのである。この傾向は、前記ツルカナ・ボーイで確認されているが、直立二足歩行への適応である脳の成長遅滞、すなわち人間化は、アレムゼーゲトらも指摘するように、アファレンシスにおいて始まっていたらしいことが示されたのである。

つい最近、7月13日付ネット上の『ナショナル・ジオグラフィック・ニュース』は、アファレンシス「ルーシー」の発見地の真北約30㎞の地点で、下顎骨を含む新たなアファレンシス化石群が見つかった、と報じた。新発見化石の年代は、380万～350万年前とされ、事実ならアナメンシスの最新年代（390万年前）とアファレンシスの最古年代（360万年前）との間に空いたギャップを完全に埋めたことになる。アナメンシスとアファレンシスとの関係が、母体種とそこからの派生種との関係なのか、それとも両種ともラミダスから派生した一群のホミニンの代表者なのか、今後の研究の行方が注目される。

6　南ア、ステルクフォンテインで謎の猿人

現代古人類学の焦点の地は、エチオピアに移った感があるが、実は第二次世界大戦の前から活発な探索が行われていた南アフリカでも、猿人探査は着実に進んでいる。つい最近、骨格が確認されたStw573骨格は、戦前から有名なステルクフォンテイン洞窟群の角礫岩中になお埋まったままだが（後述）、それについて述べる前に、もう1つ南アの不思議な化石について述べておく。

その化石、カタログ番号Stw252は、1984年にヨハネスブルク北西50㎞にあるステルクフォンテインの部層4から見つかった。年代は250万年前ころと見られる。なお南アには、チャドと同様に放射年代測定法に適した火山灰層がない。したがって上記推定値にはかなりの幅があるとみなければならない。

ステルクフォンテイン部層4からは、これまで500個体分ほどのアウストラロピテクス・アフリカヌスが見つかっている。このためステルクフォンテイン洞窟群と言えば、華奢型猿人であるアフリカヌスの遺跡と考えられていた。近年、より新しい部層から頑丈型猿人であるパラントロプ

ス・ロブストス化石やホモ属化石も見つかっているが、それでもここがアフリカヌスの遺跡であることは常識に近い。

ところがStw252は、それとはかなりおもむきが異なっているのである。頭蓋は一部破片しか回収されていないが、上顎歯列はよく残っている。ひときわ大きい犬歯が目立つ。また大臼歯は巨大だが、相対的に前歯は退縮している。

この標本を研究したヴィットワーテルスラント大（ヴィッツ）のロン・クラークは、上記の特徴から頑丈なパラントロプスの南ア版先行者ではないか、と考えた。ちなみに東アフリカには、この1年後に発見された頑丈型猿人パラントロプス・エチオピクス（いわゆる「ブラック・スカル」）がいて、棲息年代はほぼ同時期となる。ただStw252は、ブラック・スカルと異なり、強大な咀嚼筋を連想させるような矢状稜が認められない。

一方でStw252の大きな犬歯は、年代は100万年ほど古いラエトリ（タンザニア）のアファレンシスを連想させるともいう。実際、アファレンシスのように、Stw252にも歯隙が存在する。

ここからStw252は、アフリカヌスと別種と考えざるをえない。アファレンシスは、南アでは未発見だが（後述のStw573はその可能性がある）、アファレンシスが実は南アにも分布していて、そこから東アフリカで頑丈型のパラントロプス・エチオピクスを派生させる一方、南アではStw252を分岐させたのではないかとも考えられる。これが後に、東アフリカではパラントロプス・ボイセイを進化させ、南アではパラントロプス・ロブストスを分岐させた可能性がある。

ただ、Stw252と同時代者のアフリカヌスとの関係はなお不明なままだ。仮にStw252がアフリカヌスと別種であるとしても、ポピュレーションでは圧倒的に少数派だったと思われる。だとすれば、アフリカヌスが頑丈化を強めてロブストスへと進化していったという考えも十分に成り立つだろう。

7　ステルクフォンテインでも400万年前の人類

ステルクフォンテイン洞窟群を語る場合、最も完全な骨格が保存されていることが確実なStw573標本に触れないわけにいかないだろう。この標本は、既発見の肉食獣の化石中からロン・クラークによって94年に探し出された足の骨が、発見の端緒となった。最初は、「リトル・フット」と愛称されて、翌年、米科学誌『サイエンス』に報告された。

その後クラークは、サルの骨と分類された戸棚から、さらに同一個体に属する脚骨を見つけ、その脚骨化石が由来したステルクフォンテイン洞窟群ジルベルベルク洞窟の部層2の調査を開始する。そして97年6月、脛骨破片とその隣に腓骨の断面が見つけ、ついに化石が由来した原位置を突き止めることに成功し、なお角礫岩中に骨格の大半が埋まっていることを確認したのである（図5）。

図5　ステルクフォンテインに埋まっているStw573骨格

ステルクフォンテインは、かつて石灰岩の鉱業的採掘場にもなっていたように、水に溶けて析出した炭酸カルシウムと土砂が混ざり合ってコンクリートのようにがちがちに固まった角礫岩で堆積層が構成されている。化石は、そこに封入されていた。たがねを使っての慎重な発掘の結果、脛骨と大腿骨下半分が姿を現し、その後、腕の骨や歯、さらに下顎骨を掘り出し、とうとう左顔面を表に横たわる頭蓋も確認する。現在まで、骨盤、脊椎骨、右腕と手の骨まで姿を現しているという。

こうした状況なので、Stw573が完全に取り上げられるまでにはまだ時間がかかるだろう。かつて樹上にいたStw573個体が地上に開口していた所から洞窟内に転落し、そのまま土砂に埋められ、角礫岩に閉じこめられたと考えられるので、完全に掘り出されれば、おそらくこれまで見つかった猿人の中では最も完全な骨格が回収されると見込まれる。これまでは、東アフリカの窓からしか早期の人類進化を覗くことはできなかったが、南アでもうかがえる可能性が開かれたのである。なおステルクフォンテインでのアフリカヌス骨格は、例えば60年も前の1947年にStw14（両寛骨、脊椎骨、大腿骨、肋骨から成る）などが発見されているが、これは部層4出土であった。

そうした期待が抱けるのは、Stw573の年代が、これまでの南ア産アフリカヌスよりさらに古いからだ。出土層位は部層2で、これまでに見つかっているどのアフリカヌスよりも確実に古い。ちなみに部層4は、遡っても280万年前と考えられている。

問題の部層2は、これまで古地磁気年代法で350万年前ころと考えられていた。だが、最近の研究によると、もう少し遡りそうである。前述したように、南アの人類遺跡には火山灰層がないため、アルゴン－アルゴン法が使えない。しかしヴィッツのT・C・パートリッジらが、2003年4月25日号の『サイエンス』に発表したところによると、部層2のアルミニウム26－ベリリウム10の測定から、かなりの幅と逆転した数値を表示しはするが、Stw573が400万年前ころに達する蓋然性が示された。

いずれにしろStw573が、これまで発見されているアフリカヌスよりも100万年は古いことは確実である。チャドでアウストラロピテクス・アファレンシスの変種と思われるアウストラロピテクス・バルエルガザリ（350万年前ころ）が見つかっている事実から見ても、南アにもアファレンシスかアナメンシスが分布していた可能性が高い。ケニアでもアルディピテクスが見つかっていることを考慮すれば、アルディピテクスが拡散していたとも考えられる。あるいは既存の猿人とは異なる新たな種に位置付けられるかもしれない。

いずれにしろ南アでどのような人類進化が進んだのか、東アフリカとどのようなつながりがあったのか、今後の発見と研究の進展が待たれる。このステルクフォンテインは、周辺のスワルトクランス、クロムドラーイなどの人類遺跡とともに、1999年に世界文化遺産に登録された。まさにそれにふさわしい遺跡と言えるだろう。

8　より新しいエチオピア化石でも深まる謎

以上は、人類起源の話題だったが、実は、もう１つ、私たちホモ・サピエンスの属するホモ属の起源にからむ問題も、この間に混沌としてきた。人類化石の追加的発見は、問題を解決するよりも新しい謎を生むことの方が多い。02年になされた東アフリカとそれ以後のグルジアからの報告は、まさにその例の１つと言える。

これまで人類進化の常識となっていたのは、次の図式だった。すなわちホモ属は、アフリカの猿人の一部から250万年前ころに分岐し、その後に、ホモ属の一部からさらにホモ・エルガスターが分岐し、これがユーラシアに初めて進出し、東に移動した一部はジャワ原人（ピテカントロプス）となり、さらに北に向かったのが後の北京原人であった。ユーラシアに進出した彼らは、ホモ・エレクトスという学名で一括されている。アフリカ産の同時代者ホモ・エルガスターに対して、アジア産のこれらの化石は、頭蓋が頑丈化し、特殊化が目立つ。したがって異論はあるものの、ホモ・エレクトスという人類種名はアジアのもの対して用い、ほぼ同時代者のアフリカのホモ・エルガスターと区別しようという考えが、80年代に提唱された。以来、古人類学界で、この考えはかなりの支持を得ている。

ところがアフリカとグルジアからの2つの報告は、上記の図式に見直しを迫っている。

まず、エチオピアのミドル・アワシュのブーリで97年12月末に発見され、02年に発表された顔面を欠いた頭蓋（頭蓋冠）から触れることにする（『ネイチャー』）。この頭蓋の年代は、100万～80万年前で、300万～200万年前の化石が目白押しのアフリカでは、新しいこの時代のものの方がむしろ珍しい。脳の大きさは、995ccと推定され、この時代のものとしては適正な大きさと言える。ただ、より古いアフリカの同類よりも、眼窩上隆起は分厚く、アーチ状をしていて、頑丈さが増している。

報告者のベルファネ・アスフォーらは、ほぼ同時代の化石で98年に『ネイチャー』に報告されたエリトリア出土のブイア頭蓋を加えて分析し、これらがアジアのホモ・エレクトスと多くの特徴を共有する、と指摘している。なおこの対象には、ヨーロッパの古い化石も加えられている。ブーリとブイア両化石が出揃うと、以前から古人類学者に謎の化石と首を傾げられていたタンザニア、オルドゥヴァイ峡谷出土のOH9頭蓋冠も、この一環にすんなりと納まるという（OH9の年代も、ブーリ、ブイアとほぼ等しい、と考えられている）。結論としてアスフォーらは、ホモ・エレクトスをアジアとアフリカの種に分けられない、と指摘している。つまりホモ・エルガスターは、実はホモ・エレクトスと同種というわけだ。彼らの言うとおりだとすると、ホモ・エレクトスの方が先に命名されているので、命名規約から先取権のないホモ・エルガスターは消えることになる。

この提言は、古人類学界から次第に支持を受けているようだが、アスフォーらの発表後も、ウッドのように人類系統図にホモ・エルガスターを堂々と書き込む古人類学者も多い。そもそも古生物学界には、スプリッターとランパーがしのぎを削ってきた。アスフォーらは、数十万年前台のヨーロッパとアフリカにいたホモ・ハイデルベルゲンシスも、すべてこの中に加えている。この脈絡からすると、スプリッター全盛の現在、ランパーからの反撃ととらえることもできる。論議の帰趨を見るには、もう少し時間が必要だろう。

9　グルジアで完全な頭蓋出土

アフリカからユーラシアに拡散したホミニンは、長い間、上記のようにホモ・エルガスター（アスフォーらの提言に従えばホモ・エレクトス）と考えられていた。というよりも、考古学者を含めて、それが常識だった。ところが黒海に望むグルジアのドマニシでの最近の発見は、その常識に挑戦をしている。

ここでは、これまでにほぼ完全な頭蓋だけでも4個体見つかっており、さらに下顎骨、体幹体肢骨の一部も回収されている。さらに多様な獣骨群に、原始的なオルドワン石器も伴う。そこから、ホモ属にいたってなされたユーラシアへの進出――「出アフリカ」の様相が、これまでと全く異なっていたことが示唆されるにいたっている。

この問題は重要だから、順を追ってやや詳しく説明していく。

古代シルクロードに接し、中世の城塞の築かれたドマニシが古い化石産出地であることにまず気づかれたのは、1983年に城塞地下の穀物貯蔵庫から絶滅したサイの骨が見つかったことに端を発する。グルジアの古生物学者レオニード・ガブニアが調査を始め、91年、ついにヒトの下顎骨を発見した（D211)。その形態は、ホモ・エレクトスに似ており、しかも絶滅肉食獣である犬歯ネコの骨格の直下にあった。それにより、150万年前近くに遡る可能性から、ドマニシはにわかに注目されるようになった。

大発見は、さらに続いた。99年には2つの頭蓋も見つかり、ここにドマニシ人の特異な特徴が浮き彫りになってきた。

1つは顔面の大半を欠くD2280、もう1つは中顔部を欠くだけの個体D2282である。分析の結果、2個体はアジア産ホモ・エレクトスよりもアフリカ産ホモ・エレクトス（ホモ・エルガスター）に似ていることがわかった。例えばさほど目立たない眼窩上隆起、高くて幅の狭い、骨壁の薄い頭蓋冠、幅の狭い歯列弓、そしてホモ・エレクトスにしては最小の部類に入る小さな脳などである。脳容量は、D2280で780cc、D2282は650ccしかなかった。この小ささは、アフリカで230万年前ころには姿を現したホモ・ハビリス（アウストラロピテクス・ハビリスとする見方が強まっている）に近い。

ただ一方で、矢状隆起の目立つこと、角張った後頭部は、アジア産ホモ・エレクトスに似る。後面観も五角形で、典型的なホモ・エレクトスである。ここから、出アフリカした直後のホモ・エルガスターと考えられたのである。

10　謎を生む脳の小さな177万年前のヒト

ところが2001年の次の発見は、さらに脳の小ささを際だたせた（『サイエンス』02年7月5日号の報告）。ほぼ完全なD2700頭蓋がそれで、同一個体に属すると見られる下顎も付いていた。顔面も完全で、完全さにおいて、ジャワのピテカントロプス8号も上回る。波紋を広げたのは、その頭蓋の脳が、前2者よりさらに小さかったことだ。

新しい頭蓋の写真でひときわ印象的なのは、上顎の大きな犬歯である。

上顎の第三大臼歯が萌出したばかりなので、10代のまだ若い個体だと思われるが、大きな犬歯は男性の特徴なので、この個体も男性と考えられた。にもかかわらず眼窩上隆起は弱く、顔面が突出し、後頭骨は丸みを帯びていた。また全体的に形態は華奢で、その意味でむしろ女性の特徴が強く現れている。報告者らも、断定は避けながらも、女性という考えを打ち出している。

さて問題の脳の大きさだが、約600ccと推定された。年代が古いために、脳がまだ小かったとも考えられるが、報告者のアベラロム・ヴェクア（グルジア国立博物館）らは、様々な点でアフリカ産の早期ホモ・エレクトス（あるいはホモ・エルガスター）との類似を指摘し、したがって種をこれに位置付けているが、それにしてもホモ・エレクトスの中でも最小値になることに困惑を隠せないでいる。その大きさは、例えば前記プーリ頭蓋のたった6割程度なのだ。

発見者の1人であるグルジア国立博物館館長で古人類学者のダヴィド・ロードキパニゼは、ホモ・ハビリス（アウストラロピテクス・ハビリス）をも思わせる小ささと、それにホモ・エレクトス（アジア）、ホモ・エルガスター（アフリカ）の3つに似る点を重視し、D2600下顎骨を基準標本に、これらを一括して新種「ホモ・グルジクス」と命名した。

問題となるのは、「ホモ・グルジクス」の年代である。絶滅肉食獣と共伴することから、古さには疑いない。幸いにもグルジクス包含層の直下に火山性玄武岩が存在し、これをアルゴン－アルゴン年代測定法によって、約180万年前と出た。古地磁気年代測定法も適用され、矛盾のない結果を得た。ただ化石包含層はその上なので、上限は定められない。しかし地質学的検討結果から、包含層はさほど時間を置かずに堆積した、と推定された。また前述の犬歯ネコのほか、ハイエナ、クマ、ヒョウ、オオカミなど、鮮新世（530万～180万年前）から前期更新世にかけてのユーラシアの肉食動物相が伴うことから、ホミニンは限りなく180万年前に近いことを推定させる。こうしたことを総合的に検討した結果、グルジクスの年代は177万年前が妥当、と結論づけられた。

11　オルドワン石器を備えた低身長人類

ドマニシが注目されるのは、前期肉食動物相のほかに、草食獣としてはウマ、シカ、ジラフ、ダチョウ、ガゼル、ゾウなどの骨も見つかっていることだ。ただこれらの動物を、グルジクスが狩猟していたとは思えない。いくつかの獣骨には、明確な石器のカットマークが見られるが、それは死肉漁りで集めた草食獣の肉を削ぎ取ったものと思われる。それが強く示唆されるのは、貴重なことに石器も共伴したが、東アフリカの原始的なオルドワン伝統そのものだったからだ。石器群は、剥片と石核で構成され、アシュール・インダストリーの要素であるハンドアックスは見られない。ちなみに東アフリカで、アシュール・インダストリーが作られ始めるのは170万～160万年前にかけてで、これよりやや古いドマニシの石器アセンブリッジは、この事実とも整合する。

かくして02年段階で、ドマニシの調査成果は、初期ホモ属の出アフリカについての従来観を大きく修整させることになったのである。出アフリカした集団は、大きな脳も持たず、153万年前の「ツルカナ・ボーイ」（9歳幼児なのに身長は160cmもあった）と異なり大型でもなかった。体幹体肢骨の断片と小さな脳から、成体で推定140cmと、低身長だったと推定されている。そしてアシュール・インダストリーのような洗練された石器も持たなかった。また火も管理していなかった。にもかかわらず、彼らはなぜかは知らないが、出アフリカを敢行したのである。この理由については、ツルカナ・ボーイの総括研究者のアラン・ウォーカーが想定する「美食説」がある。

ウォーカーによれば、初期ホモ属は、それまでの雑食から肉食に食性を転換することにより、広い領域が必要となってユーラシアという新天地を切り開いたという。しかし、グルジクスの化石を見れば、その説明はかなり苦しいと言わざるを得ない。実際、彼らがか弱い存在だったらしいことは、犬歯ネコと同一層位の D2280 頭蓋にうかがえる。この頭蓋には孔が2つあり、それは犬歯ネコの歯の咬み跡と一致する。D2280 は、狩られる側だったのだ。

12　歯のない老人を介護していた

このように想定外の原始性を示すドマニシ・ホミニンだが、それでもやはりかなりのヒト的心性を備えていたようだ、2002年～2004年の発掘シーズンに発見された新頭蓋 D3444 と同一個体の D3900 下顎骨（図６）は、原始的なホモ・グルジクスの別の側面を照らし出したのだ（『ネイチャー』2005年４月７日号）。

この個体は、下顎左犬歯の一部を除いて、31本の歯、全部が欠損していた。死亡推定年齢40歳以上とされ、この時代のホミニンの20歳そこそこという平均寿命からすれば、異例とも言えるほどの高齢である。したがって歯の欠損は、高齢による歯槽膿漏などによる脱落だと思われる。事実、歯槽骨の吸収が進み、骨の再生も見られるなど、亡くなる前５、６年は、歯のない状態で生きていた、とロー

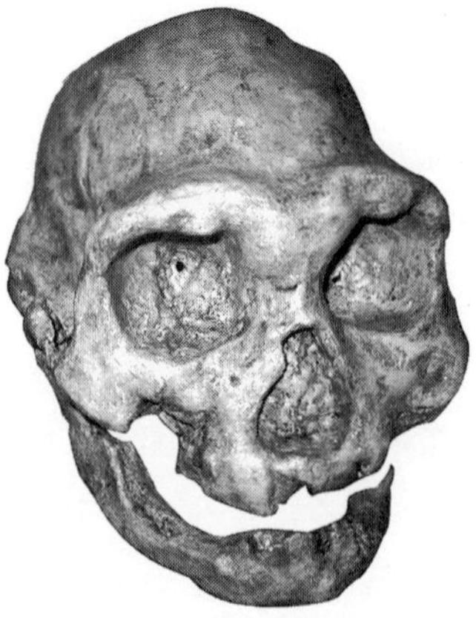

図６　ドマニシ **D3444 頭蓋と D3900 下顎骨**。歯が存在しなかった高齢個体

ドキパニゼは推定している。

これは、実際、想像を絶する発見と言える。農耕社会なら、歯を失っても粥などで命をつなぐことができるが、根茎類と木の実の採集、死肉漁りをして生計を立てていたはずの初期人類では、通常では歯を失うことは食べる物がないことを意味する。にもかかわらず、D3444個体は、数年間は生きていたのだ。ロードキパニゼらは、仲間が石で突き軟らかくした植物食、動物の脳（脂肪の塊である)、肉の缶詰とも言える骨髄を与えて世話をしていたのではないか、と想像している。

ハンディキャップを負った者の世話の例としては、イラクのシャニダール1号・ネアンデルタール人が有名である。ただ、この時代に遡る類似例が、これまで皆無だったわけではない。

例えば、ケニア、ツルカナ湖東岸で見つかった170万年前のホモ・エルガスター女性KNM-ER1808化石（第3章57～58頁参照）には、ビタミンA過剰症に罹って、激しい出血に苦しみながらも数週間から数カ月は生きていたらしい痕跡が見出されている。広範な骨の表面に、出血によって形成された「すの入った」ような繊維性骨が見られた。これを発掘・研究したアラン・ウォーカーは、この個体は死ぬ直前は動くことすらできなかっただろう、と指摘している。肉食獣が徘徊し、昼は灼熱のサバンナで、彼女がある程度生きながらえられたのは、世話をしていた個体がいたからにほかならない。ドマニシD3444個体の発見は、死者の埋葬こそ行わなかったものの、人間らしい心性をうかがわせるもう1つの例を追加したのである。

ドマニシ人は、だがそれにしても、あまりにも原始的である。大きな脳も、大きな体軀も持たず、しかも貧弱な石器文化だった。これにより、最初の人類の出アフリカは、200万年前代のアウストラロピテクス・ハビリス（ホモ・ハビリス）段階でなされた可能性も出てきた。彼らは、基本的に樹上生活者だったアウストラロピテクスと決別し、樹林のとぎれた乾燥地を歩いてユーラシアまでやって来たのだろう。

そしてその後の出アフリカも、おそらくは何波にもわたってなされたに違いない。温暖なステージに、そのうちの最初の一波がスペインにまでたどりついたのが、スペイン、アタプエルカのグラン・ドリナ洞窟化石だろう。ここのTD6層（70数万年前）では、下顎骨や頭蓋片など、多数のホモ・アンテセソール人骨が回収されており（図7）、その産状と石器によるカットマークの見られることから、カニバリズム（人肉嗜食）の犠牲者と見られる。この7月、外電によりここのさらに下層から100万年前ころのホミニン化石が発見された、と報じられた。グルジクスの波は、ヨーロッパ本土にまで達していたのかもしれない。

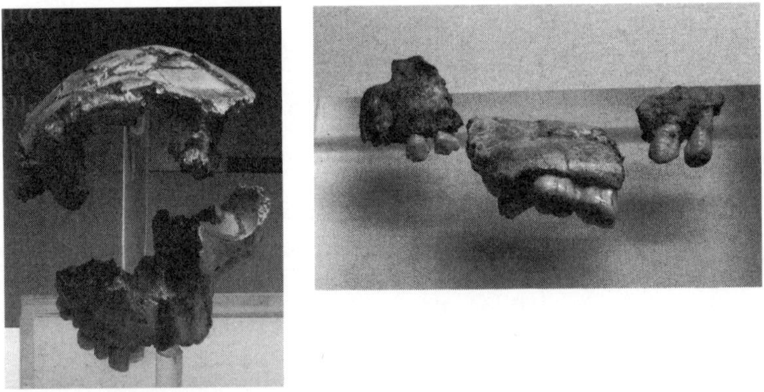

図7　スペインのグラン・ドリナ洞窟から出土したホモ・アンテセソールの頭蓋骨（左）と上顎骨・下顎骨（右）

第3章　ホモ・サピエンスのアフリカ単一起源説の勝利

現代古人類学界の3大課題のうち2つは、前2章でそれぞれ取り上げた。すなわち、①人類の起源はいつだったか、②最初の出アフリカはいつ、どのような人類によってなされた——であった。①はいい線までたどりつけたと思うが、前章で述べたように、②はまだ暗中模索の中にある。

1　多地域進化説と混血説との大論争

第3の課題は、我々現生人類ホモ・サピエンスの起源である。かつて、1980年代に激しい論議が交わされたが、現在はほぼ決着したと言える。その間、化石証拠が積み重なり、さらに現生人類の生体内からだけでなく化石からの遺伝子証拠がそれを裏付けた（シラミの遺伝子証拠など、別の裏づけさえ積み重なっている）。遺伝子証拠ばかりか、現生集団の頭蓋計測値、古いホモ・サピエンス化石の年代的裏づけなども加わり、これらすべては、アフリカが現代人の原郷土だったことを示すものばかりだ。アフリカ単一起源説は、もはや仮説の域を脱し、定説となったと言えるだろう。

ただアフリカ、アジア、ジャワ・オーストラリア、ヨーロッパの多地域で、先住人類からそれぞれ現生の人類集団が形成されたとする「多地域進化説」も、まだ少数派として残る。1984年に、アメリカのミルフォード・ウォルポフ、オーストラリアのアラン・ソーン、中国の呉新智によって、初めて定式化された説だが、前述のように大勢は決した。なお両説の折衷説として、例えばヨーロッパでのネアンデルタール人（ホモ・ネアンデルターレンシス）とホモ・サピエンスとの混血説を唱えるエリック・トリンカウスらの少数意見もあるが、これも多数の支持を得ていない。古人類学の第３の課題は、論争が始まって20年ほどで決着した、と筆者は考える。

以下では、それらの様々な証拠を紹介し、アフリカ単一起源説が固められていったことを示すことにする。なおこの有力仮説は、アフリカ単一起源説、あるいはアウト・オブ・アフリカ説など、いろいろな呼び方があるが、本書ではアフリカ単一起源説で統一する。ちなみにこの問題について、筆者は1999年に一般向けに『ネアンデルタールと現代人』（文春新書）という小書を出しているので、それと重複はなるべく避ける形で述べていくことにする。

2　66億人は元はすべてアフリカ人

では、アフリカ単一起源説とは、具体的にどのようなシナリオなのか。

現生人類は、20万年前かそのもう少し前にアフリカに誕生し、その後、10～９万年前ころには中東に進出、そこから別の集団がさらにユーラシア各地に拡散し、先住の人類集団と置き換わったというモデルである。この説に従えば、現在66億人もの膨大な人口を抱える世界の全人類集団は、すべて20万年前ころのアフリカを起源とする集団の子孫だったことになる。皮膚の色や髪の毛の色、瞳の色など、諸々の集団ごとの違いは、各集団が腰を落ち着けたそれぞれの環境に適応して、長い人類史ではつい最近になって（たった数万年間で）選択された特徴ということになる（ただし、中には自然選択では説明できないものもあるが、それはあくまで例外的である）。

この説は、遺伝子証拠を有力根拠にして組み立てられた。一時期、「ミトコンドリア・イヴ」説とも呼ばれたこともある。

遺伝子証拠とは、世界中の現代人の細胞から採取したミトコンドリアDNAとY染色体のそれぞれの塩基配列を調べ、それを基に系統樹を描くと、1つのグループをなすアフリカ系集団が根もとに位置し、したがって起源も古いという事実のことだ。ミトコンドリアDNAは、1987年に最初に解析結果が発表された。これは母方のみから伝えられる。その一方、Y染色体の方は父親のみから伝えられる。そのいずれの際にも、非常に稀だが塩基が誤って複製されて伝えられることがあり、代を重ねるごとに、つまり時間とともに塩基配列に違いが生じてくる。これまでの研究で、塩基配列の違いからそうした変化に要した時間が推定され、根もとに位置付けられるアフリカ系集団の起源はほぼ20万～10万年ころとされる。遺伝子研究によると、ヨーロッパ系集団もアジア系集団も、いずれもアフリカ系集団を母体として分岐したらしいことが読みとれる。

3　不十分な化石証拠

現生の多様な集団は、アフリカを出た集団による先住集団との置き換わりの後に、各地域で肌の色などのそれぞれの特徴を発展させたと考えられる。最初は、遺伝子を扱う分子人類学者が先行したが、化石を研究対象にする古人類学者も、次々と化石証拠を積み重ねて、この証拠を打ち固めた。それまでは、遺伝子証拠の充実に比べると（後述する化石から採取した遺伝子証拠も含む）、肝心の化石証拠は十分とは言えなかった。イスラエルの2つの洞窟から10～9万年前の完全な現生人類骨格群が発見されているものの、おおもとのアフリカとなると貧弱だったからだ。450万～150万年前の人類化石の充実ぶりからすれば、100万年前以降、特に20万～10万年前の新しい人類化石の乏しさは意外とも言えるほどだ。その年代の近辺と考えられる化石はいくつか見つかっているが、いずれも断片的であるうえに、年代推定の根拠がいまひとつ決定的でなかった。

例えば、科学的管理による発掘が行われたために遺物出土層の信頼性の高い南アフリカのクラシーズ・リヴァー洞窟群からも人骨が発見され、最も古い中期石器時代Ⅰ（MSA Ⅰ）層の年代は、放射性炭素年代の測定限界を超えるため、別の方法で年代推定され、12万年前ころとされた。ここで出土した人骨化石は、いずれも破片ばかりで、完全なものはない。骨には石器の切り傷も見られ、食人の疑いがかけられている。下顎骨破片の中には、第10層（MSA Ⅰ）出土の41815号のように、現生人類の明確な特徴である頤《おとがい》を見せ、第三大臼歯の後ろの空隙もないものもある。また東アフリカのオモ・キビシュ（エチオピア）のⅠ号頭蓋標本のように、現代的相貌を示しながらもやはり破片の標本もある。当初は、年代は13万年前ころとされたが、後述するように最近、アルゴン－アルゴン法で19万5000年前と推定された。

この不十分さに多地域進化説が切り込む余地があった。だが、それも後述する最近のアフリカの発見で、ほぼ克服されたと言える。

4　多地域進化説は極端な古さを想定

多地域進化説は、アフリカに出現した初期ホモ・サピエンスが、その後、アジアとヨーロッパに拡散し、そこで各地域の集団と移住や通婚の遺伝子交換を行いながら、種分化をせず、１つのまとまった種として現生人類にいたったという立場だ。問題なのはその年代で、ウォルポフによると、初期ホモ・サピエンスのアフリカの出現を200万年前ころもの古い時期のこととする。これについては、後述する。

アフリカでこの初期ホモ・サピエンスから現生人類が進化する一方、東アジアでは周口店の北京原人（初期ホモ・サピエンス）から現生の東アジア人に、東南アジアではジャワ原人（同）からオーストラリア・アボリジニーへ、ヨーロッパではハイデルベルク人などがネアンデルタール人をへて現生のヨーロッパ人になった、と主張する。

このモデルでは、それぞれの地域での進化的連続を説くが、根拠の1つとして下顎の内側に開く歯に届く神経（下歯槽神経）の出入り口に骨橋が見られるという特殊な形態をあげる。ヨーロッパのネアンデルタール人以降に見られる特徴で、自然淘汰に関係のない形態小変異が現生人類であるクロマニヨン人にもなぜ見られるのか、と問う。たまたまヨーロッパのネアンデルタール人で進化し、出現率は下がるものの、現生人類であるクロマニヨン人にも受け継がれたからだ、と説明する。この特徴は、他の地域の古い人類に見られないともいい、地域的連続を裏付ける証拠の一例とする。

多地域進化説の特徴の1つは、前記のように初期ホモ・サピエンスの年代を途方もなく古くすることにある。この年代は、ホモ・エルガスター（ないしはアフリカ型ホモ・エレ

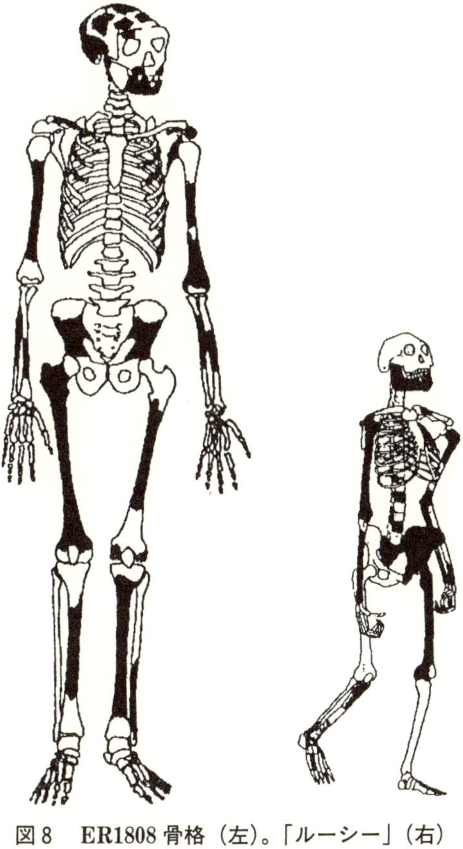

図8　**ER1808骨格（左）。「ルーシー」（右）**
（Wolpoff, M. and Caspari,R 1997 より）

クトス）の年代に近いことからも分かるように、この説に従えば、ホモ・エレクトスも初期サピエンスなのである。例えば170万年前に位置付けられる最古のホモ・エルガスターの１つであるケニアのER1808も、初期ホモ・サピエンスとされる（図８）。アジアと後にはヨーロッパに拡散したこの子孫は、それぞれ固有形態を発展させたが、それでも絶え間ない遺伝子の交換がそれぞれの種分化を防いだという。しかし脳の大きさにしても、初期ホモ・サピエンスとされるもの（ほぼすべての古人類学者がホモ・エルガスターまたはホモ・エレクトスに位置付ける）は現生人類の半分ほどしかなく、頭蓋形態にも大きな違いがある。だから、ホモ・サピエンスの歴史を200万年も古くする考えは、大多数の古人類学者の支持を得ていないのである。

5　インドネシアで保存良好な新化石

多地域進化説によれば、アフリカからユーラシアへの人類の拡散は最低限１回で足りる。しかし、主流説のアフリカ単一起源説では、少なくとも２回の拡散を想定する（実際はもっと多数の移住の波があっただろう）。第２章でも述べたように、未だ正体が明らかでない初期ホモ属によるアウト・オブ・アフリカがあり、その後ずっと新しい10～９万年前にもう一度出アフリカが起こったというわけだ（最近の遺伝子の研究から東アジアやヨーロッパに拡散した祖先は、もう少し新しい集団を母体にしていたと考えられる）。この見方に立てば、皮膚の色などの各集団の特徴は、地質年代では異常に短い数万年という時間で確立されたことになるわけで、ある意味では多地域進化説の方が単純だ。考え方としては魅力的で、だからこそ、なおわずかな支持があるのだが、遺伝子証拠からするとアフリカ単一起源説が動かないことはすでに見たとおりだ。

化石証拠に大きな進展をみたのは、アジアとアフリカでそれぞれ数十万年前、16万年前ころという人類化石が相次いで新発見されたという発表によって、である。さらに旧来のオモ化石の年代も古い方向に改訂された。いずれも、アフリカ単一起源説を突き固める発見となった。

まずインドネシア、ジャワ中部で01年10月1日に発見された保存良好なホモ・エレクトス脳頭蓋化石から、紹介する。

図9　新発見のサンブンマチャン4号化石。
写真提供・馬場悠男氏。

米科学誌『サイエンス』03年2月28日号に、国立科学博物館人類研究部の馬場悠男部長ら日本・インドネシア研究チームが載せた新発見のホモ・エレクトス化石の分析成果が、それである。この化石、サンブンマチャン4号は、顔面と下顎こそ欠いているが、サンギラン17号（ピテカントロプス8号）を除くと、頭蓋内も含めてこれまでで最も保存良好な化石となる（図9）。

サンブンマチャン4号化石は、砂利採取中に地元民によって偶然に見つけられたために、大多数のジャワ標本同様に、確実な年代は求められないが、カブー層という地層に由来すると考えられるところから、数十万前のものと見られている。形態的にも100万年前かそれを超えると考えられるトリニール／サンギラン化石群と、20万年前前後とされるガンドン化石群の中間に位置付けられるので、その間くらいに当たるだろうという。脳容積も1006ccと、両化石群の中間的値を示している。

6　新しくなるほど強まった特殊化

高精度のマイクロCT（コンピューター断層撮影）で分析の結果、サンブンマチャン４号頭蓋底は現代人並みに屈曲していた。それにもかかわらず、脳頭蓋は低く典型的なエレクトス的特徴を示した。現代人の特徴である顔面突出の減少や脳頭蓋の球形化は、どうやら頭蓋底の屈曲化と無関係に起こったことも明らかになった。

この報告で特に興味深いのは、前述したようにサンブンマチャン４号と、同時に分析に用いた同１号が、脳頭蓋の低い形などの点で古いトリニール／サンギラン化石群に似ているほか、その他の多くの特徴で新しいガンドンとの中間か、それに近いという形態を示す点である。脳頭蓋の５つの計測値を統計分析すると、サンブンマチャン化石は、トリニール／サンギラン群とガンドン群の中間型になるというのだ。つまり３系列をつなげると、ジャワ出土ホモ・エレクトス化石の形態の特殊化は、時代が新しくなるとともに強まったことが明らかになる。だとすれば、特殊化を強めた、年代の最も新しいガンドン集団が、ウォルポフらの主張するように、現代のオーストラリア・アボリジニーの祖先となったとはきわめて考えにくいことになる、と馬場氏らは強く示唆する。

従来から、ヨーロッパと中東という西方では、先住のネアンデルタール人がアフリカからやって来たホモ・サピエンスに取って代わられたことは、多地域進化説派を除いた大方の支持を得ていた。その唯一の弱点は、東方のアジアで化石証拠が不十分だったことだ。逆に多地域進化説は、貧弱な化石証拠をむしろ逆手にとったように、自説を唱えていた。多地域進化説では、100万年前ころのサンギラン17号とそれよりはるかに若い（１万年前ころ）オーストラリアのカウ・スワンプ１号とを比較し、この類似を根拠の１つにして東南アジア－オーストラリアでの連続性を主張している。しかし馬場氏らの研究は、新たな化石の追加と緻密な比較によって、多地域進化説にとって重要な論拠を掘り崩したと言えるのである。

7　アフリカで最古のホモ・サピエンス発見―ヘルト

おおもとのアフリカでも、新発見が続いた。エチオピア、ミドル・アワシュで活躍するティム・ホワイト隊が、03年６月12日号の『ネイチャー』で報告した16万年前に近い最古のホモ・サピエンス化石の発見である。なおこの場合、多地域進化説派の言う「ホモ・サピエンス」と異なるのはもちろんである。

発見地は、ミドル・アワシュのヘルト村真東にある。これまで、アルディピテクス・ラミダスやアウストラロピテクス・ガルヒの見つかった地点にも近い。新発見の人類化石は、年代から考え、誕生したての初期ホモ・サピエンスと考えられ、これまで30万～10万年前という正確に年代測定された重要化石が不在の状況をついに埋めるものとなった。

97年11月16日に、リーダーのホワイトが、まずヒトが解体したカバとそれに伴う石器群を発見し、さらにその11日後に、第１号人骨（BOU-VP 16/1＝以下、１号と略）が見つかった。その後の調査で、成人頭蓋破片（２号）、６～７歳くらいと見られる幼児頭蓋（５号）を含めて、歯など計10個体分の人類化石が回収された。ただ、残念なことに首から下の体幹部は発見されていない。

今回の発見が画期的な点は、いくつもある。まず、男性と見られる１号は、下顎と前頭骨の一部を欠く以外、ほぼ完全だった。これよりやや新しいと見られるクラシーズ・リヴァーにもオモにもなかった完全さである。１号では、脳容量も測定されている。1450cc と、現代人よりもわずかに大きめだ。

第２に、アルゴン－アルゴン年代測定法で、かなり正確な年代値を出したことだ。同法では、放射壊変が遅いために新しい年代では測定が難しく、そのため10万年前台は、放射性炭素では古すぎ、アルゴン－アルゴン法では新しすぎ、という「暗黒時代」にあった。それが、今回、16万～15万4000年前という正確な推定値を導き出しすことに成功した。これにより、ヘルト人骨化石はホモ・サピエンス最古に位置付けられることになった。

8　アフリカで進んだ現代化を例証

第3に、2号と5号幼児の各頭蓋に石器による切り傷の痕が見られたことだ。となると、食人が想定されるが、その可能性はなく、死後に何らかの儀式の行われた痕跡だという。アメリカ南西部のマンコス遺跡などの先史インディアン遺跡出土の人骨を基になされた食人に関する研究で名高いホワイトの言は、十分に信用できるものだ。それを裏付けるように、5号の頭項部には、何かでこすった痕も付いていた。何らかの儀式的行動の痕跡かもしれないという。だがそれにもかかわらず、埋葬の痕跡は認められなかった。だが脳容量といい、年代といい、また儀式的行動といい、化石がまさしく初期現生人類であることを物語っている。

1号頭蓋を横から見ると、頭項部が丸く盛り上がり、ネアンデルタール人に見られる後頭部の束髪状隆起もイニオン上窩もない。乳様突起は大きく、突き出している。ただし現代人と異なり、頭蓋は大型、頑丈で、後頭部が強く屈曲しているうえ、眼窩上隆起も強い。こうした点から、報告者はホモ・サピエンスの古代的別亜種として、この人類を「ホモ・サピエンス・イダルツ」と命名した。イダルツは、アファール語で「年長者」という意味だ。

イダルツの発見は、遺伝子証拠から示されたアフリカが現生人類の誕生地であることを、オーソドックスな化石証拠であらためて証明して見せたと言える。印象的なのは、ホワイトらの報告論文に、1号を中心に、左にボド（約60万年前、エチオピア出土）、カブウェ（30万年前ころか？、ザンビア出土)、右にカフゼー9号（約10万年前、イスラエル出土）各頭蓋の正面と側面から見た写真を並べ、カフゼーの下に典型的ネアンデルタール人であるラ・フェラシ（年代不明、5万年前ころか？　フランス出土）を配していることだ（図10）。それは、まさしくボド、カブウェの古代的なホモ（ホモ・ハイデルベルゲンシス）から、イダルツをへて、現代的なホモ・サピエンス（カフゼー9号）へと進んだアフリカでの進化の軌跡を示している。イスラエルのカフゼーは、まさにこのころ、出アフリカを遂げた人類のものなのだろう。それに比べると、ラ・フェラシの異質性は際立っている。これを見ても、多地域進化説は成立しにく

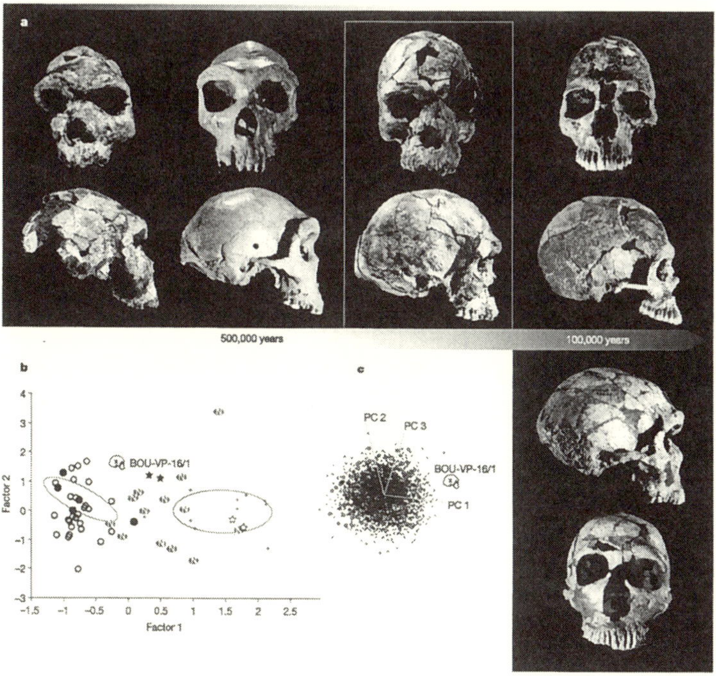

図10　イダルツの報告を行った『ネイチャー』論文。
上段右から2つ目がイダルツ。(White, T.D. *et al.* 2003 より)

いとあらためて言えるのである。

9　オモ頭蓋に19万5000年前の年代値

だが、イダルツの「最古のホモ・サピエンス」の地位は、1年半ほどしかもたなかった。05年2月17日号の『ネイチャー』で、オーストラリア国立大のイアン・マクドーガル、米ユタ大学のフランク・ブラウンらの研究グループが、イダルツ発見以前に最古のホモ・サピエンスとされていたエチオピア、オモ渓谷のオモIとIIを、さらに古く確定させ、イダルツより4万年近く古い年代値を与えたからである。

オモIとIIは、40年も前の1967年に、当時、オモ渓谷国際調査隊のケニア隊長を務めた若き日のリチャード・リーキーが調査初年に見つけた頭蓋である。リチャード・リーキーは、運悪く年代の新しい地層しかない地点を調査区に割り当てられ、これですっかりやる気をなくし、1年で撤退、以後、ケニア、クービ・フォラに転身したのだが、ホモ・サピエンス起源を論議するにはかけがえのない好資料を実は早くから見つけていたのである。これが、オモIとII頭蓋だ。

いずれも不完全な頭蓋なのだが、おもむきはかなり異なる。オモIは、脳頭蓋が膨らみ、短く幅広の顔面、高く迫り上がった額、弱々しい眼窩上隆起など、いくつも現代的特徴を持つ。何よりも下顎に、明瞭な頤が認められた。頭蓋の保存がよくなかったため、脳容量は測定できなかったが、1400cc ほどには達していたと推定される。

オモ渓谷には火山灰層が幾重にも積み重なっており、それによって200万年前台の地層には、正確なカリウム－アルゴン年代が与えられているが、オモIを包含したオモ・キビシュ層群は、若すぎて当時は測定できなかった。そこで、頭蓋に伴ったカキの貝殻をウラン－トリウム法で測定し、およそ13万年前の年代が与えられていた。これにより、東アフリカで世界に先駆けてホモ・サピエンスが棲息していたらしいことが、早くから認識されたのだ。

だが、それが古人類学界の共通認識にならなかったのは、同じ層位から出土したオモII頭蓋に問題があったからだ。オモIと異なり、IIは、かなり古代的である。咀嚼筋の発達していた様相がうかがえ、前頭部は後方に後退し、後頭隆起も認められた。にもかかわらず、脳容量は、1435 ccもあり、進歩した様子も見せる。ほぼ同一年代と見られるのに、IとIIでかなり異なる外観をしているのは、変異の大きな早期ホモ・サピエンス集団とすれば、矛盾はないだろう。

したがって、オモIとIIの出土層位を、発展著しいアルゴン−アルゴン法で年代測定した地層系列に、正確に位置付けることが重要であった。マクドーガルらは99年から03年までの1年の中断を挟んだ4シーズンの調査で、まずオモIとIIの出土地を確定し、同時に67年に発見されていたオモIの大腿骨片と接合する大腿骨片、動物骨、石器なども発見した。同グループは、オモIとIIの新たな年代測定にも挑んだ。

オモIとIIは、厚さ合計100mにも達する河成のキビシュ層群最下層のキビシュ第1部層に埋まっていた。同グループは、ここから大量のパミスを採取し、その長石を試料にアルゴン−アルゴン法で年代測定した。

キビシュ累層は、互いに不整合な4つの部層に分かれる。最下層であるキビシュ第I部層のオモIとIIの埋まっていたほんの3m下の軽石は19万6000年前と年代測定され、この不整合面を挟んだ約50m上の層の火山灰（キビシュ第3部層）が10万4000年前と測定された。そこでブラウンは、両頭蓋は10万4000年前よりはるかに古く、19万6000年前に限りなく近い19万5000年前という数値を、オモIとIIの年代としたのである。

これにより、早期ホモ・サピエンスの出現年代が20万年前かそれ以前になるのは確実となったのである。

10　シラミも語るアフリカ起源

その後も、様々なソースで証拠が追加されている。

ヒト遺伝子分析の変形として、変わったところでは、ヒトに寄生するシラミのミトコンドリアDNAを分析した成果も、最近、発表された。タイトルは「シラミの分子進化と衣服の起源」となっているが、見方を変えれば、これはアフリカ単一起源説の新しい傍証ともなる。シラミは常にヒトとともにいるからだ。

ドイツ、マックス・プランク進化人類学研究所のラルフ・キトラーらが米科学誌『カレント・バイオロジー』に03年8月に発表した報告によると、世界12地域から採集したヒトの頭髪に寄生するアタマジラミ26個体と、体に寄生するコロモジラミ14個体のDNAの配列を調べた。両者の違いは、宿主のヒトが日常的に衣服を身に着けるようになったことに対応するのだろうと報告者らが想定したとおり、まずミトコンドリアDNAの2つの配列から、コロモジラミはアタマジラミから派生したことが判明した。その年代は、チンパンジーに寄生するシラミを外部集団として用い、ヒトとチンパンジーが分岐したのが550万年前という数値を時計に用いて求めた。

それによるとコロモジラミは、遅くとも7万2000年前±4万2000年までにアタマジラミから分かれたという。さらに分析したところ、アフリカ産のシラミの方が非アフリカ産のものよりも多様性が大きいことも判明した。これも、まさにヒトと同じである。なお最近のサヘラントロプスやオロリンの発見から、ヒトとチンパンジーの分岐はもう少し古かったと推定されるので、この年代値はもうちょっと古く見た方がいいかもしれない。

この結果を確かめるために、キトラーらは核DNAで2つの遺伝子配列を求め、同じような成果を得ている。このことは、遅くとも7、8万年前ころには現生人類はアフリカを出て、冷涼な気候に対処するために厚い衣服を着るようになったことを意味する。キトラーらによると、衣服という技術革新が出アフリカを促したのだろうという。時間差を考慮すれば、現生人類の出現はそれよりも古いことになるが、どうやらヒトの外部寄生生物であるシラミもまた、アフリカ単一起源説を補強するようである。

ただここで断わっておくが、人間の衣服の起源が7、8万年前にすぎないと考えれば、それは誤解だろう。キトラーらが試料に用いたのは、あくまでも現代人の寄生シラミだ。アフリカ単一起源説に従えば、ネアンデルタール人やホモ・エレクトスは、絶滅してしまっている。氷河時代、極北に近かった気候に暮らしたネアンデルタール人、北緯40度に近い温帯に住んだこれ以前の北京原人やヨーロッパのホモ・ハイデルベルゲンシスは、冬の寒さを乗り切るために確実に毛皮を着ていたはずだ。しかし彼らは絶滅してしまったので、その寄生生物である太古のシラミの子孫も今日に伝えられず、したがって遺伝子分析をできないにすぎない、と考えるべきだろう。

11　ヒトのピロリ菌起源は約6万年前の東アフリカ

単一起源説とも関連すると思われる全く異分野からの証拠も出されている。

オーストラリアのバリー・マーシャルらが2005年のノーベル医学・生理学賞を受賞した功績となったヘリコバスター・ピロリ菌は、世界人口の半数以上が感染し、慢性胃炎や胃潰瘍、さらには胃がんの原因となる。

マーシャルらは、1982年に強酸性の胃の中から、このバクテリアを発見し、胃潰瘍などとの因果関係を実証した。

世界人口の半数以上が感染しているとすれば、それは遺伝子や表現型形態的特徴にも等しい人類集団関係をうかがえるデータになる。アメリカ、ベイラー大の山岡吉生准教授ら、独米の研究グループは、『ネイチャー』07年2月8日号で、ヘリコバスター・ピロリ菌は、今から5万8000年前の東アフリカに住んでいた人々から世界に広まったらしいことを明らかにした。

研究チームは、世界の51民族769人からピロリ菌を採取し、その遺伝子を分析した。その結果、ピロリ菌はユーラシア、アフリカなどの地域別に6グループに分けられ、東アフリカ住民に寄生する菌が最も古く、そこから遠くなるほど遺伝子型の新しくなることがわかった。ヒト遺伝子よりピロリ菌遺伝子の方が変異しやすいことがわかっているが、この変異速度から共通祖先を求めると、5万8000年前ころに東アフリカ住民に初めて感染したらしいという結論になった。その後、欧州型、アジア型、アメリカ型と進化を遂げたという。この年代値はやや若すぎるが、パターンは現生人類の拡散についての従来観とまさに一致する。

研究チームによると、5000年程度の単位で人類集団の起源を分析する場合、ヒト・ミトコンドリアDNAでも「解像度」は悪いが、より変異しやすく、ヒトに普遍的な存在であるピロリ菌なら、集団関係の解析に十分使えるという。

ピロリ菌遺伝子による年代は、従来の単一起源説で想定される年代より、若干若いが、これは後述のヒト・ミトコンドリアDNAのL3タイプの解析成果とも符合する。むしろ東アフリカを出発点にしたクライン（勾配）が見られることは、後述する頭蓋計測値の結果とも一致するし、ポール・メラーズの論議とも平仄が合う事実だろう。

12　出アフリカ後に急速に東南アジアに

87年の米のレベッカ・キャンらによる研究を先駆に、これまでに現代に生きる各人類集団から採取したミトコンドリアDNAと核内のY染色体のDNA解析研究が数多く積み重ねられてきたことは、本章の初めの部分で触れた。

例えば最近では、05年5月に米科学誌『サイエンス』に同時に発表された2本の論文もその延長上に連なるものと言える。またこの研究は、現生人類の拡散と新環境への適応が、かなり早かったことを示した。

南アジアの少数民族で、古い形態を残しているとされるインド洋のアンダマン諸島民とマレー半島に暮らす先住民オラン・アスリ集団のミトコンドリアDNA塩基配列を、それぞれ別個に解析した論考が、それだ。8万5000年前ころに現れたとされるL3という現代人に残るミトコンドリアDNAタイプの存在から、このころにアフリカからアジアに移住した現生人類の一団がいたと推定されているが、この2本の論文は、東に向かったその波が、考古学的パースペクティブから見ればかなり速いスピードで海岸沿いに東南アジア、そしてさらにオーストラリア大陸に達したらしいことを示した。

その年代も、L3タイプから分岐したMタイプの存在を基に、原住アンダマン諸島民の形成は約6万5000年前、オラン・アスリのそれもほぼ同じころと推定された。後者の報告者ヴィンセント・マコーレイらによると、8万5000年前ころに「アフリカの角」かスエズ地峡を抜け出た現生人類の一集団は、たった数百人という規模だったともいう。

実際、これは驚くべき速さだったと思う。なぜならこの時代、東南アジアにはまだホモ・エレクトスが生き残っていたと思われるからだ。フローレス島には、ホモ・フロレシエンシスさえいた。こうした先住人類の分布域に、急速に進出できた早期ホモ・サピエンスの適応力には舌を巻くばかりだ。

このことは、拡散集団が、それより１万年ほどは古かった、スフール、カフゼー両洞窟の早期ホモ・サピエンスとは、系譜的関係はないことを物語る。それは、後述するイギリスのポール・メラーズの論考からも、再確認される。

また後述するように、このずっと後の、新しく見積もれば２万8000年前ころまでヨーロッパにネアンデルタール人が生き残っていた。現生人類が、ホモ・エレクトスやネアンデルタール人と系統を異にするのは、これからも明らかである。

13　混血示す？　ポルトガルの化石

アフリカ単一起源説はもはや動きようもない感があるが、少数意見ながら、ヨーロッパでの混血説もある。米ワシントン大のエリック・トリンカウスら一部が唱える仮説で、現生人類は後期ネアンデルタール人からの何らかの遺伝的寄与があったという。トリンカウスらは、精力的にその証拠を示しているが、広い支持を得ていない。

根拠の１つに、最古の現生人類は後期ネアンデルタール人と１万年以上にわたって同時・同所的に共存していたことがあるし（これについては論議もある）、文化的にも両者に接触があったのが明瞭になっている事実がある。第６章で詳述するが、フランス、アルシ＝シュル＝キュールのトナカイ洞窟で、３万4000年前ころのネアンデルタール人化石とともに、彫刻の施された骨製ペンダント、穿孔された動物の歯などの個人的装身具が見つかっている。こうした装身具類は、現生人類の「専売特許」であり、さらにまたこれに伴ったシャテルペロン石器文化（シャテルペロニアン）は、現生人類のオーリニャク文化（オーリナシアン）を取り入れたネアンデルタール人によるムスチエ文化（ムステリアン）の発展型という見方が強い。ちなみにシャテルペロン文化は、フランス南西部のごく狭い地域に、約3000年間続いた目立たない石器文化である。

さてトリンカウスらは、混血の具体的証拠として、まず98年11月にポルトガル、ラガー・ヴェルホ岩陰で発見されたネアンデルタール的特徴を示した4歳くらいの埋葬幼児化石を、99年6月、ポルトガルの人類学者を筆頭者にして『アメリカ国立科学アカデミー紀要（PNAS）』に報告した。

実際、発見されたラガー・ヴェルホ幼児は、奇妙な骨であった。一緒に出た木炭（2万4660年前±260年）などの加速器質量分析計（AMS）による放射性炭素年代法から、幼児の年代は2万4500年前ころと推定された。この年代と、副葬品の穿孔された貝殻、赤色オーカー（酸化鉄）、グラヴェット文化（グラヴェッティアン）の石器から、幼児はクロマニヨン人（現生人類）と見られた。ところが、四肢骨も揃っていた幼児の骨格を見ると、大腿骨に対して脛骨が短く、骨幹も頑丈で（これはネアンデルタール人の特徴である）、または顎の形にもネアンデルタール的特徴が見られた。こうした観察結果を基に、トリンカウスらは、幼児は現生人類とネアンデルタール人の混血を示すもの、と結論付けた。

14　ルーマニアのペステラ・ク・オース下顎骨も？

ただしこれには、即座に異論がついた。同論文に付けられた注釈で、アメリカ自然史博物館のイアン・タッターソルとピッツバーグ大学のジェフリー・シュワルツは、その幼児の解剖学的構造は圧倒的に現生人類的であり、骨格にはネアンデルタール人にユニークな特徴は全く見られない、と反論した。こうした批判もあり、ラガー・ヴェルホ標本は、とりあえずペンディングにされた。

ところが、トリンカウスらは、ルーマニア南西部のペステラ・ク・オース（「骨の出る洞窟」の意味）で、02年2月に発見された下顎骨（「1号」。その後も03年に同じ洞窟から顔面骨などが追加発見されている）を研究し、早期現生人類とネアンデルタール人との混血の可能性を強くにじませる発表を03年9月にも『アメリカ国立科学アカデミー紀要』誌上で行った。

1号下顎骨は、AMS（加速器質量分析計）を使って直接、放射性炭素年代が測定され、3万6000年～3万4000年前ころと出された。この年代は、ヨーロッパへの早期現生人類の出現時期とネアンデルタール人の生存期と重なる微妙な数値だが、下顎骨には、現生人類の形態的特徴である頤が目立つほか、全体的プロポーションから考えても早期現生人類に間違いないという。ところが同時に、左側内側の下歯槽神経の出入り口に骨橋が見られた。この特徴がネアンデルタール人と類似するほか、第三大臼歯も前後径14.2㎜と巨大で、古代的特徴も示すという。結論としてトリンカウスらは、ネアンデルタール人がその後の人類集団に遺伝的寄与をしたようだ、と記述している。

かつてヨーロッパの早期現生人類とネアンデルタール人に混血があったとするトリンカウスの年来の主張がここでも繰り返されているが、筆者の問いに馬場氏は、オース1号の全体的外観からネアンデルタール的特徴は何も見られない、と指摘している。下歯槽神経の出入り口に骨橋があるといっても、多地域進化説派が指摘するようにクロマニヨン人にもこれは存在する。形態的にもトリンカウスの主張は、古人類学者から幅広い支持を得ているとは言えない。

15　ムイエリ資料の提示

その後も06年11月、トリンカウスらは、ルーマニア南部のペステラ・

ムイエリ（「老女の洞窟」）で1952年に発見されていた人骨群を再調査し、その成果をまたも『アメリカ国立科学アカデミー紀要』に発表して、この人骨をネアンデルタール人と早期現生人類の混血の追加例だと発表している。

それによると再調査した資料は、頭骨片、下顎、肩甲骨で、骨から抽出したコラーゲンで、直接、AMSによる放射性炭素年代を測定し、3万年前ころという年代値を得た。これは、早期現生人類が東欧に現れて1万年以上も後のことであり、またクロアチアのヴィンディヤ洞窟やロシアのメツマイスカーヤ洞窟など東欧でもまだネアンデルタール人が生き残っていた時期に相当する。したがってトリンカウスらが指摘するように、人骨には原始的特徴と派生的特徴の両方がモザイク的に混じっていても当然である。

まず派生的特徴としては、細い鼻、弱々しい眼窩上隆起、丸い頭頂骨などがあげられる。その一方で、トリンカウスらが重視するネアンデルタール的な特徴、すなわち下顎枝や肩甲骨の形態ばかりか、後頭骨の「束髪状」の隆起もまた見られた。こうしたいくつかの解剖学的特徴から、ムイエリ標本は、原始的で、ネアンデルタール的だという。混血説の追加証拠というわけだが、多くの研究者は、やはりこの見方に批判的である。ドイツ、マックスプランク進化人類学研究所のカテリナ・ハーヴァティは、ムイエリ標本にはたくさんの派生的特徴が見られることを挙げ、トリンカウスらの説に否定的だ。英のクライヴ・ギャンブルも、これに同調する。

ムイエリ標本に原始的特徴が見られたとしても、それは早期現生人類の古代性を示すものであって、派生的特徴を重視すれば、混血を想定する根拠とまでは言えないだろうという。

また多地域進化説に対しても言えることだが、遺伝子証拠でも、これまでたぶん万単位に及ぶ現代人ミトコンドリアDNAが分析されているのに、ネアンデルタール人から由来すると考えられるミトコンドリアDNA試料は1点も発見されていない。前記の古代的特徴も、ただ化石の年代が古いからにすぎない、とも考えられるのである。

そして第5章で述べるように、後に発表されたネアンデルタール人とクロマニヨン人各人骨試料内のミトコンドリアDNAの分析で、さらに06年11月の核DNAゲノムの直接解析結果で、混血説は、最終的に引導が渡されたと思われるのである。同時に、こうした遺伝学証拠は、混血説を否定すると同時に、多地域進化説への最終的挽歌になったと思われる。

16　アフリカから離れるにつれて乏しくなる集団内変異

これだけ証拠が積み重なっている以上、筆者にはアフリカ単一起源説について、もはや議論の余地は乏しいと思える（最近のすべての研究成果が、アフリカ単一起源説を証拠立てていると言っても過言ではない）。そこに、07年7月19日号『ネイチャー』で、日本の埴原恒彦・佐賀大教授と連名で英ケンブリッジ大の研究者らが発表した論考が発表された。この論文は、現代人化石の形態研究からもミトコンドリアDNAの説を裏づけるものになったと考えられるので、この要旨を簡単に紹介しておきたい。

研究者たちは、全世界105集団の計6245個体（男性4666個体、女性1579個体）という膨大の頭蓋からそれぞれについて37の計測値を採り、それらを分析した。年代差を除くために、2000年前より古い標本は除いている。たった4ページの論文だったが、おそらくその作業には気の遠くなるほどの時間がかかったと思われる。

頭蓋の計測値は、遺伝子によって表現される。環境の変異（気温と年間降水量）による影響を補正し、新大陸も含めた各人類集団の変異の大きさ（ばらつき）を調べた。すると、男性標本でアフリカの中央と南部が最も変異が大きく、ここから距離が遠くなればなるほど頭蓋形態が均質化されていくことが見出された。その勾配（クライン）は、アフリカ中南部から、波紋が広がるようにきれいに揃い、同時に遺伝子データのクラインともよく似ていた。女性でも同じ傾向だった。

現生人類は、アフリカ中南部のどこかから、その回数はつかめなかったものの、幾度か世界各地に拡散していった。その過程で、何度となく集団サイズが激減し、遺伝的多様性が失われたのだろう。これを、「ビン首効果」と呼ぶ。つまり集団内で頭蓋形態の変異が乏しいのは、ビン首効果を受けた結果であり、それだけ集団形成に時間があまりたっていないことを示す。実際にアフリカからの距離を横軸、頭蓋形態変異の大きさを縦軸にとってプロットすると、右肩下がり（距離が伸びると変異が乏しくなる）のグラフとなった。報告者によると、頭蓋計測値の遺伝的変異の19〜25%はアフリカからの距離で説明できるという。

報告者らは、多地域進化説が正しいとすれば、いくつものクラインが見出せるはずだと仮定して調べたが、第2のクラインは見つからなかったという。また現時点では、解剖学的現代人と古型人類との混血の様子もうかがえなかった。繰り返しになるが、これだけの解剖学的証拠が揃えば、もはや多地域進化説の余地はない、と思われるのである。

17　気候悪化期に起こった局地的人口爆発

それでは、何が現生人類の世界制覇の原動力になったのだろうか。これまでの遺伝学研究や考古学成果を集成して、この問題に真っ向から取り組んだのが、イギリス、ケンブリッジ大のポール・メラーズである。『アメリカ国立科学アカデミー紀要』2006年6月20日号の寄稿で、その「なぜか」を問い、新しいモデルを提示した。

メラーズは、遅くとも15万年前（本章で見たように、その年代は20万年前とした方がよさそうだ）にはアフリカに現生人類が出現しているのに、アジア（とオーストラリア）とヨーロッパに明確な解剖学的現代人が現れまでに10万年近くも要しているのはなぜか、を考えた。

次章の現代人的行動の起源の問題にも関わるが、古人類学の発見成果をベースに、メラーズは、現代遺伝学の成果をアフリカの考古学的発見と結び付け、8万〜6万年前に南アフリカか東アフリカのいずれかの1集団に、局地的な人口爆発が起こり、その波が瞬く間に全世界を覆い尽くした、と推定した。ここで重要なのは、アフリカ全体では8万年前ころから始まる気候悪化（このころ、ステージ5と呼ばれる温暖な間氷期は、ステージ4の氷河期へと変わりつつあった）で人口減が起こっているのに、特定のローカルな1集団だけが爆発的人口増を起こした、と考えていることだ。また現生人類の出アフリカに最低限、2波を想定する。

後者の点を先に説明しておけば、10万〜9万年前にイスラエルのスフール、カフゼー両洞窟で、早期ホモ・サピエンス埋葬化石が大量に見つかっているので、このころに象徴表現を携えた現生人類の出アフリカ第1波が西アジアに達した、とメラーズは見る。しかしこれらの集団は、ただの先がけに過ぎず、しかも短期の進出であって、後述するような理由で、現代世界の現生人類の遺伝子に寄与しなかったらしい。だからそれよりはるかに重要なのが、アフリカで技術革新をなし遂げたローカルな小集団による第2波が、それより2万年近く遅れて出アフリカを果たし、ユーラシア全土を席巻し、先住人類と置換した、という蓋然性である。

その根拠にしているのは、遺伝学の証拠で、まず第1に、ミトコンドリアDNA塩基置換での現生アフリカ人集団の「不一致」分布曲線（正規分布のような釣り鐘状曲線）が、8万年前と想定されるところに明白なピークを描き出していることを挙げる。これは、かなり小規模な集団でこのころに急激な人口増があったことを推定させるのだという。そしてこの曲線のピークが見られるのは、アジアとヨーロッパでは後ずれし、アジアでは6万年前ころ、ヨーロッパでは4万年前ころに急激な人口増のあったことを物語るとする。このころはまさに、現生人類がそれぞれの地域に進出した時期に当たる。

次に、同じミトコンドリアDNAのL2と前述したL3と呼ばれる特異的な各タイプ系統が、8万～6万年前ころに急激な拡大を示したとする成果を挙げる。これも、南アフリカか東アフリカのある狭い地域で生じた変異を持つ集団が急激にアフリカ他地域に、そして紅海入り口へと拡大していったことを暗示するものだという。西アジアに隣接した紅海入り口には、その波は6万5000年前ころには達したとする。既に述べた東南アジア先住民集団の起源を参照すれば、その拡散の速度は驚くほどである。しかも繰り返すが、それはたった数百人規模だったというのだから、いかにそれがダイナミックなものであったか想像するにあまりある。

18　技術革新が生んだ？　出アフリカ

こうしたローカルな1集団による急激な人口増をもたらした謎を解く鍵を、メラーズは、近年集積されつつあるアフリカでの考古学上の発見に求める。詳細は、次章に譲るが、遺伝学で想定される人口爆発期の8万～6万年前ころのアフリカ後期MSA（Middle Stone Age）期に、一大技術革新が起こった、と指摘する。現代人的行動は、次章で述べるように、これよりはるかに古くにアフリカで始まっているが、メラーズは後期MSAの技術革新の方をむしろ重視する。

概略すると、それは少なくとも大きく4つにまとめられるという。①狩猟具の革新、②植物資源の利用の拡大、③海産資源の組織的開発、④隣接集団との交易網の確立、である。これは、次章で紹介するサリー・

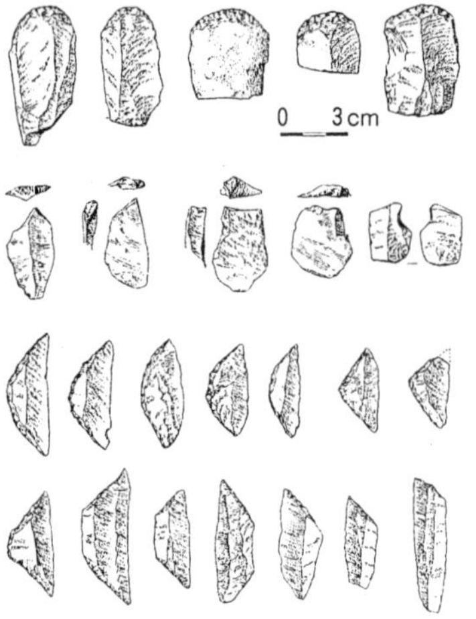

図11　南アフリカ、クラシーズ・リヴァー洞窟ホウィーソンズ・プールト文化層（約６万5000年）の石器群。ヨーロッパの上部旧石器的な石刃、エンド・スクレイパー、ビュラン（彫器）、細石器が含まれる。（Mellars, P. 2006より）

マクブレアティらの主張とも一部重なる。だからここでは、次章と重複しない範囲の説明に留める。

①は鋭く成形された骨器とスティル・ベイ型尖頭器、それに細石器要素の濃厚なホウィーソンズ・プールト石器群（図11）である。後者から、組み合わせ式飛び道具の存在を想定する。②でメラーズは、クラシーズ・リヴァー洞窟のホウィーソンズ・プールト文化層での焼けた植物遺存体の分厚い堆積を基に、このころに部分的な植物資源管理が始まっていたのではないか、と暗示する。根茎類の利用が飛躍的に高まったのではないかというのだ。③がブロンボス洞窟のスティル・ベイ文化層で見られる海産資源利用の比重の高まりである。ただし次章に見るように、ここではもう少し前から海産資源が積極的に利用されている。そして④により、食資源の供給が恒常的に保証されるようになった、と説く。

この４大革新の証拠の残る遺跡は、南アフリカに集中している。だがメラーズは、それは南アフリカでの調査が進んでいるからに過ぎず、例えばホウィーソンズ・プールト石器技術も、類似した石器群が東アフリカにもあることから、故地は南アフリカとは限らない、と判断を保留している。考古学では、調査の進んだ地域の成果に頼らざるを得ない制約をどうしても受けるので、革新の起こった小地域の特定は、現時点で不明と言うしかないだろう。

しかしそれがどこであったにしろ、4大革新がこの2万年後の西アジアとヨーロッパに現れる上部旧石器文化と酷似することをメラーズは重視し、汎アフリカ的に起こった人口減少の隙を突き、革新的技術を手にしたローカルな1集団が、一気に人口爆発を起こし、高人口密度を緩和するために、アフリカ全土からユーラシアへと膨張していった、と推定するのである。

さらに、それではこの技術革新を生み出したものは何だったのか。メラーズの推測によれば、①8万年前ころに、ホモ・サピエンスの脳神経回路に突然変異が起こったのではないか、とする。これは、第4章で述べるように、マクブレアティらに批判されるリチャード・クラインの神経学説の焼き直しである。ただメラーズの推測年代は、クライン説より4万年から3万年ほど古い点が異なる。もっともメラーズも認めるように、これはただの憶測に留まる。

②として、前述したステージ5からステージ4へという全地球的な気候悪化が引き金を引いたとする。この時、サハラ以南のアフリカでは、最大50%もの降水量の減少に見舞われたという。とすれば、サハラ砂漠とカラハリ砂漠の周縁に住む人類にとって、厳しい環境悪化となっただろう。もう1つ、可能性としてメラーズが挙げるのが、7万3000年前ころに超大爆発を起こしたスマトラ島のトバ山の噴火である。アメリカのスタンリー・アンブローズによれば、これが引き起こした全地球的な急激な気温低下によって、ホモ・サピエンス人口は数万人レベルから、ひょっとすると数千人レベルにまで、劇的な減少を引き起こしたかもしれないという（ただし反論も多い）。

こうした「危機」は、アフリカ全体では人口減をもたらしたが、すでに解剖学的、技術的に十分な潜在能力を備えるにいたっていたある特定の地域集団に、新たな技術革新、生業手段の向上、象徴を通じての社会的コミュニケーション能力の革命を促したのではないか、というわけだ。それが、現生人類の大拡散のルーツという。

メラーズの壮大な主張は、ヨーロッパを主舞台とすることで長年にわたって唱えられた「創造の爆発」モデルの、いわばアフリカ版と言える。細部では、マクブレアティらの主張と食い違いを示し、都合の良いデータだけを集めたような納得のいかない部分も残るが、ともあれ後期MSA以前とは質的に飛躍した行動が、ローカル小集団の爆発的拡散を引き起こし、やがて溢れ出るようにアフリカを出て、ユーラシア各地で先住人類集団と置換したという可能性は、遺伝学証拠から見ても、十分に考えてよいだろう。この例は、はるか後のアフリカ鉄器時代に、鉄器という革新技術とウシ飼育を持ったバンツー語スピーカー集団の西アフリカから南部アフリカへの一気の拡大でも再度、見られるからである。

第4章　アフリカで遡る現代的行動の起源

1　ブロンボス洞窟の1日展示

2005年4月9日、東京・上野の国立科学博物館で、一般向けだが一部考古学研究者にも重要な講演会が開かれた。南アフリカ出身、ノルウェー、ベルゲン大教授のクリストファー・ヘンシルウッドによる南ア、ブロンボス洞窟での発掘調査の成果の一部が披露されたのだ。講演と同時に、同洞窟で発掘された貴重な出土品の実物の一部が、1日だけ一般向けに特別展示された。この年、「愛・地球博」が開かれていたが、開会直後に展示されていた資料が、南アに戻される前に、途中、東京に立ち寄ったのである。

ブロンボス洞窟は、現生人類になって現れた高度な行動の起源について考えるのに不可欠な遺跡として、今や世界の考古・古人類学界で最も注目されている遺跡の1つだ。この日、展示された出土品は、抽象的模様の線刻されたオーカー1点（オーカーとは、ベンガラ、黄土ともいう。自然に産する二酸化鉄の鉱物で、現代でもアフリカの一部で身体彩色に用いられており、先史人にも身体彩色、染色、壁画用の顔料として盛んに用いられた。ブロンボス洞窟では、明確に線刻されたものは2点見つかっているが、特別展示されたのは線刻がよりはっきり表現されたものだった)、小さな穴の開けられた長さ7㎜前後の巻き貝19点、先細に加工された骨器3点、精妙に加工された尖頭器石器4点だった。これら4セットが、一堂に展示されたのは、世界でも初めてのことだ。

それらは、同洞窟から出土している夥しい貝殻、魚骨（この資料は展示されなかった）とともに、アフリカで先進的な現代人的行動が開始されていたことを物語る実物証拠なのである。小さな貝殻は穴に紐を通して用いたビーズと考えられるが、これは年代のわかった世界最古の個人用装身具であり（その後、イスラエルでもさらに古い可能性のある装身具が再発見された）、またオーカー上に付けられた線刻は、これまた人類最古の象徴表現の１つと見られる。

2　行動の現代化もいち早くアフリカで

前章で、現生人類（解剖学的現代人、生物学的分類ではホモ・サピエンス）が20万年前かそれ以前にアフリカで出現し、その一部が出アフリカし、世界各地に拡散したことを見た。現生人類は、旧世界の各地で土着の原人（ホモ・エレクトスとネアンデルタール人）と置き換わった。

現生人類とは、解剖学的に見れば、大きくて丸い脳頭蓋、眼窩上隆起の減弱、顔面の退縮、臼歯の縮小、頤の出現などの特徴を持つ。エチオピア、ヘルト出土の約16万年前の標本は、まさにこうした特徴を備えた最古の現生人類であった（ただし下顎は見つからなかったので頤の有無は不明)。また67年に発見され、05年２月に19万5000年前というさらに古い年代が発表されたエチオピア、オモＩには、頤があった。これよりやや新しいと思われる南ア、クラシーズ・リヴァー標本にも、明瞭な頤は見られる。最古の現生人類への進化が、20万年以上前のアフリカで起こったことは、間違いあるまい。

したがって、国立科学博物館研究官の海部陽介氏も自身の著作『人類がたどってきた道』(2005年）で指摘しているように、世界の関心は「それなら現代人的な行動はいつごろ登場したのか」に移ってきている。「どこで」については、研究者間にほとんど異論はない。細部を除けば、その地がやはりアフリカであったことは、考古学的証拠から見て確実である。

論議があるとすれば、「いつごろか」についてだ。かつて前世紀末ころまでは、現代的な行動は、現生人類出現後にかなりの時間を置いて、具体的には6万～4万年前ころにセットになり、一挙に、かつ急速に現れた、と考えられていた。「創造の爆発（Creative Explosion）説」と呼ばれ、現在も生物学的説明を加えてリフォームされ、米スタンフォード大学のリチャード・クラインにより、ほぼ同内容の「神経学仮説 Neurological Hypothesis」が唱えられている（『5万年前に人類に何が起きたか？』、2004年、第2版）。クラインによると、現代的行動は、5万～4万年前ころの現生人類に遺伝的突然変異が起こり、脳神経の配線が変化した結果、一挙に出現したとする。本書では、こうした説を現代的行動が比較的遅れて現れたとする点を基に、一括して「後期出現説」と呼ぶことにしよう。なおこの仮説は、よほど魅力的なようで、前章末で見たようにポール・メラーズも8万年前ころに脳神経解剖学上の突然変異があった、と考えている。ただし、メラーズ説は、クラインよりも近年のアフリカの考古学成果を取り入れている点で、後期出現説とは明確に一線を画している。

アフリカでの研究が進むと、だが実はそうではなく、一部はかなり古い段階で、しかも個々の現代的行動がばらばらに、世界に先駆けていち早くこの大陸で出現したのではないかという考えられるようになってきた。この考えを、ここでは先の「後期出現説」に対して「早期出現説」と呼びたい。早期出現説の中には、一部の行動が形態的な現代人の現れる時期より古くなる点をとらえ、現代人出現時期を20万年前より古く考える見解もある。形態と行動を関連付ける後の説はまだ留保が必要だが、いずれにしろ最近の研究は、エイズ禍や貧困、内戦・部族対立などマイナスイメージばかりで語られることの多い現代アフリカ観と異なるアフリカのかつての先進性を実証しつつあるのである。

3　2人の女性考古学者の批判

では、現代的な行動とは何か。私たち現代人は、高度な分節言語を操り、それで実存しない事物、未来のことまで表現し、信仰を含む抽象的思考を行い、儀式を営み、音楽を含む芸術を楽しむ。これらは、抽象的概念を伴う象徴化行動とされる。また具象面でも、機械操作は産業化社会の産物だが、その基礎は人類史をふり返ると、用途別に作り分けられた石器使用の開始にある。この素材製作法（石刃技法＝後述）もまた、現代的行動の一側面と言える。こうした行動は、現生人類以外の化石人類にも確認されていない特性である（ただしヨーロッパの終末期ネアンデルタール人については、一部の現代的行動を認める考えが強い）。言語のように考古学的証拠が残らないものもあるが、抽象的な象徴表現の一部は、有名な洞窟壁画・記号のように考古学的証拠として残る例が少なくないので、その起源をある程度、推定することができる。

アフリカの古人類学証拠と考古学的証拠を包括的に吟味し、前述のように現代人的な行動がこの大陸で早期に、個々別々に現れたと初めて体系的に指摘したのは、米のサリー・マクブレアティ（コネティカット大）とアリソン・ブルックス（ジョージ・ワシントン大）の2人の女性考古学者だ。2000年に「存在しなかった革命」という主タイトルで発表したこの長大な論文で、マクブレアティらは、当時支配的で、現在もなお影響力の大きい後期出現説を、特にクライン説を全面的に批判したのである（『Journal of Human Evolution』2003年第39巻453～563頁）。現代人的行動として、マクブレアティらは次の4つを挙げた。①抽象的思考、②深い計画性、③革新的な行動・革新的な経済・革新的な技術、④象徴を伴う行動、である。これらの出現は、人類史を大きく飛躍させる基礎となるのだが、冒頭に述べたブロンボス洞窟の出土品は、こうした行動の一端を具体的に裏付けつつあるのである。

マクブレアティらが標的にしたクラインのような後期出現説は、欧米の研究者の間で広く信じられていた。後期出現説が根拠の1つとするのは、東ヨーロッパに4万年前ころに現生人類が現れるのに符合して、芸術や進歩した石刃技法がいっせいに出現した事実がある（この年代観も、後にポール・メラーズらに批判されることになる＝第5章参照）。また、ほぼ同じ時期の4万5000年前ころにオーストラリアへ現生人類が移住した事実も、根拠とされる。この島大陸に渡るには舟という外洋航海技術が必要なために、これも現代的行動の1つと考えられ、したがって後期出現説の枠組みに納まった。ただこの論拠も、04年に、移住にやはり外洋航海が必要なインドネシア、フローレス島でジャワ原人の末裔と見られるホモ・フロレシエンシス発見が報告されたことで大きく揺らいだ(第7章)。ジャワ原人も外洋航海を行った可能性が濃厚になったからだ。

さらに、考古学的に検出される構造的住居や構造的炉址の出現もこの時期と思われた。ヨーロッパ的視点で見る限り、見かけ上、早期出現説は妥当な見解と考えられ、アフリカをフィールドにするクライン自身も、そうみなしたのだ。

こうした学界の考え方の中に、ブロンボス洞窟での相次ぐ発見がある。またマクブレアティ自身も、最近、東アフリカで新たな発見を付け加えている。00年論文のマクブレアティらの主張は、したがって新たな裏付けを得つつあると言えるのである。

4　ブロンボス洞窟での骨製尖頭器

次にブロンボス洞窟の成果を少し具体的に見ていこう。

ケープタウンの東方約300㎞のインド洋に面した同洞窟の調査は、1991年から始まったが、本格的な発掘は97年からスタートした（図12）。92年に骨製尖頭器が6点見つかり、広さわずか55㎡ほどの、さして見栄えのしないこの洞窟の重要性が、まず認識された。骨製尖頭器の1点の出土した文化層が、MSA（Middle Stone Age「中期石器時代」）層だったからだ。ここで、いささか煩雑ながら、ヨーロッパとはかなり異なるサハラ以南のアフリカの石器時代区分を頭に入れておく必要がある。ヨーロッパでは古い順に下部旧石器時代、中部旧石器時代、上部旧石器時代、新石器時代となるが、サハラ以南のアフリカでは、古い順に ESA（Earlier Stone Age「前期石器時代」＝オルドワン・インダストリーとアシュール・インダストリー）、MSA, LSA（Later Stone Age「後期石器時代」）と編年される（表1）。新石器時代は存在しない。

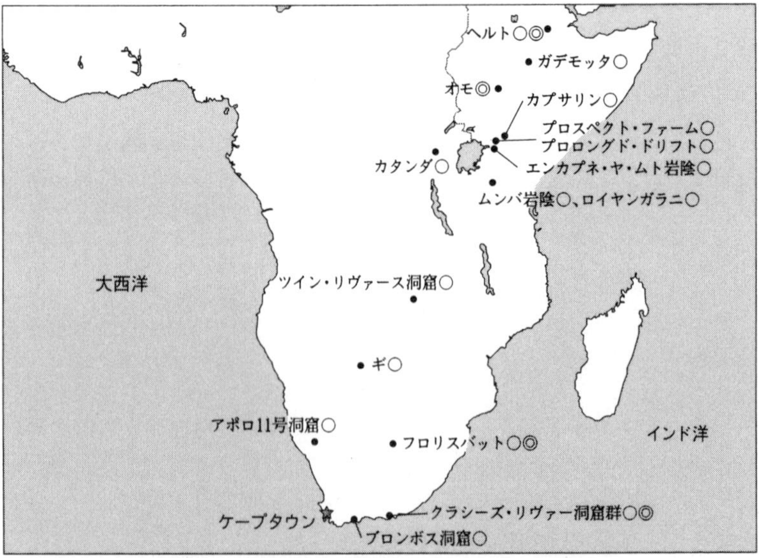

図12　本章で取り上げたMSA以降のアフリカの主要遺跡。
遺跡名の後の○は文化遺物を、◎は人骨化石を伴うことを示す

表1　サハラ以南のアフリカの石器時代の編年表

LSA（後期石器時代）	細石器主体	5万年前～
MSA（中期石器時代）	尖頭器主体	28.5万～2万年前ころ？
ESA（前期石器時代）	尖頭器含まず	260万～16万年前

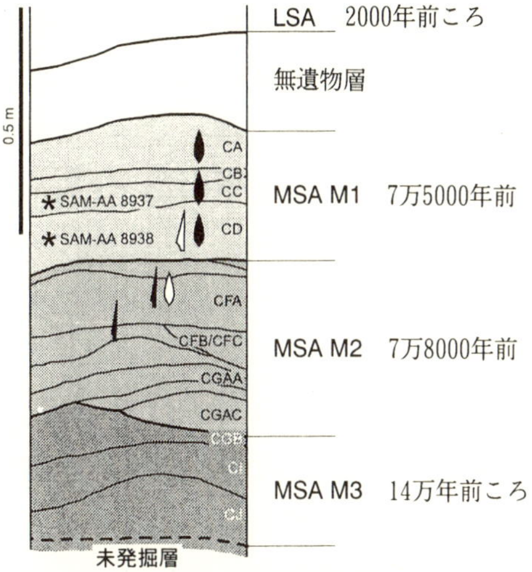

図13　ブロンボス洞窟の層位図。
MSA は、M1、M2、M3 の各亜層に細分される。涙滴状マークはスティル・ベイ型尖頭器の、細長三角形は骨製尖頭器の、五角形雪形マーク（アステリスク）は、線刻付きオーカーの出土位置を示す。標本番号 SAM-AA8938 が、特に線刻のはっきりしたもの。（Henshilwood, C. S. *et al.* 2002 を改変）

問題の MSA は、およそ20万～30万年前に始まって4万～5万年前までの期間に相当し、両面加工の尖頭器石器が主要組成をなすことが特徴だ。例えば出土層位が確実な、管理された発掘調査がなされているブロンボス洞窟では、二次加工のなされた石器の52％は両面加工尖頭器である。

それ以前の ESA であるアシュール・インダストリー（アシューリアン）の指標となるハンドアックスを含まないのも、特徴の1つだ。また一部の例外（ホウィーソンズ・プールト文化）を除いて、細石器も含まれない。細石器は、MSA より新しい LSA の指標となる。ブロンボスで最初に見つかった骨製尖頭器は、それまでは時代の新しい LSA の所産で、MSA ではまだ製作されていなかったと考えられていた。ところがその後の97年の本格発掘で、MSA 層からさらに14点の骨製尖頭器が発見され、2000年までに13点が追加され、アフリカ MSA では最多の28点に達するに及んで、LSA と同じような骨製尖頭器が MSA に作られていたのは疑いないことが明らかになった。なおこれら骨製尖頭器は、3層に分けられる MSA 堆積層の上から2番目の M2 亜層に特に多く、その上の M1 亜層からも出る。ちなみに複数の理化学的年代測定法で、M1、M2、M3 各亜層の年代は、05年時点でそれぞれ7万5000年前、7万8000年前、14万年前（暫定値）とされている（図13)。

ただこの事実が伝わると、すぐに一部から疑義を出された。僅かとはいえ、同洞窟の最上層をなす新しい LSA 層（約2000年前）からも同じような骨製尖頭器が出ており、洗練された作りからも形態的に区別できないので、上部からの混入とみなされたのだ。クラインは、その批判派の急先鋒であった。

ヘンシルウッドらは、01年発表の論文で28点の骨器が LSA のものではないかという懐疑論に、5つの論拠を挙げて詳細に反論を加えた。それを見ていくと、骨器を LSA からの混入であって MSA でないとする議論は成り立たないと考えられる。まず何よりも洞窟の堆積層が安定し、一部を除き攪乱の痕跡がない点に説得力がある。次に、上部の LSA と下部の MSA との間には、厚さ 10〜60 ㎝ の黄色い砂層から成る無遺物層が挟まり、両層をしっかり分離している。第3に、00年の発掘までにより小さなダチョウの卵殻製ビーズが200点以上も LSA 層から見つかっているが、MSA 層からは1点も見つかっていない（大きな骨器が上層からの紛れ込みなら、1点くらい卵殻片があってもよいはずだ)。さらに4つ目として、後に紹介するスティル・ベイ型両面加工尖頭器は400点以上も MSA 層の M1 亜層に集中して発見されるのに、LSA からは1点も見つからない。そして5番目として、骨器のサイズも、下の MSA 出土のものの方が LSA 例よりも大きい事実がある。上からの混入とすれば、小さい方が下層に紛れ込みやすいはずで、したがって MSA 層のものの方が小形であるはずだが、そうなっていないのだ。

5　コンゴでは骨製銛が報告済み

実は、この発見は、95年にアリソン・ブルックスらによって『サイエンス』に報告されたコンゴ民主共和国（旧ザイール）カタンダ遺跡群（カタンダ2、同9、同16の3地点）発見の骨製尖頭器を裏付ける例でもあった。カタンダの骨製尖頭器は、それが報じられると、8万9000年前ころという古さのために学界に大きな衝撃を与えた。銛と見られるその遺物は、刺さった獲物を取り逃がさないようなかえし（逆刺）を備え、形態はヨーロッパ上部旧石器時代のマドレーヌ文化期のものに酷似し、同期より少なくとも7万年は先行することになるからである。銛に伴って復元重量35kg、体長1.8mにも達する成体の大形ナマズの骨が見つかっているから、これが主な獲物だったらしい。ちなみにこのナマズは、季節を限って漁獲できたもののようだから、捕獲者に予定計画性があったことになる。

この発見は、従来からの後期出現説に、具体的事実で初めて異議を唱える例でもあった。ただクラインらは、2㎞ほど離れたイシャンゴで見つかっているLSAの骨製銛が混入したものとの慎重な立場を崩さなかった。これに対して、ブルックスは、マクブレアティを筆頭者として共同執筆した前記00年論文でMSAの所産に間違いないことを、カタンダのどの地点からもLSA石器がない事実、骨器の化石化がMSA層の動物化石と同じ程度である点など、いくつもの根拠を挙げて反論した。こうした脈絡で、ブロンボス洞窟の骨器が報告されたのである。

ただ洗練されているが、ブロンボス洞窟の骨製尖頭器は、後のヨーロッパの上部旧石器時代に作られる例と製作技術が異なる。首都大学東京大学院教授の小野昭氏が『打製骨器論』（2001年）で指摘したように、後者は溝切り技法というシステマチックな技術が用いられるが、ヘンシルウッド報告を読む限り、ブロンボス洞窟の骨器にそれは使われていないようだ。にもかかわらず、ブロンボス骨器は骨という素材に注目し、それを精巧に加工して道具を作るという人類の革新的技術の表れであった。

現生人類以前の古人類、例えば100万年以上前の頑丈型猿人パラントロプスもアリ塚からシロアリを採るのに骨器は用いたが、それは拾った獣骨をそのまま流用しただけで、精緻な加工を加えたブロンボスの骨器とは質的に明らかに異なる。その種のものと現生人類の製作した骨器とを区別するために、「定形的 (formal)」という用語がよく使われる。クラインによれば、定形的骨器とは、骨を切断したり、彫ったり、研磨したり、それ以外の方法で成型して骨片にし、それから投鎗用尖頭器や錐、針、その他にしたものという。クラインは、定形的骨器は製作の複雑さのゆえにLSA になって初めて作られるようになったと考えるのだが、その定義に従えばMSA の骨器はすべて定形的製作技法によるものだ。ブロンボスの骨器は、ウシ科などの長骨から割り取られ、一様に丁寧に磨かれて尖らされているからだ。一部は、機能では説明できないほど過剰とも言えるまでに磨かれたものもある。研磨材には、オーカーも用いられたらしく、骨器の先端は赤く染まっている。

6　小貝殻でビーズを製作

この骨器は何に使われたのか、それは貝製ビーズと大量の魚骨の発見ではっきりした。一部は、明らかにこの小さな巻き貝ナッサリウス・クラウシアヌスに穴を開けるための錐として使われた、とヘンシルウッドは国立科学博物館での講演で述べている。この貝は、現在は洞窟から20 km 離れた河口に生息している。それを使って加工実験してみたところ、石器では脆すぎて壊れてしまい、複製した骨製錐を用いると、うまく穴が開けられることがわかった。ただ大半の骨錐（MSA 骨器の85％）は、毛皮などの柔らかい素材の穿孔に用いられたことが判明している。赤く染まった骨錐は、オーカーで染色した毛皮の穿孔に用いられたのだろう。

投げ槍の槍先として使われたものもあるようだ。MSA 骨器のうち3点は、ナミブ砂漠の現代に生きる狩猟採集民クン・サン族(いわゆる「ブッシュマン」) の用いたものとよく似ているからだ。大型魚骨の存在から、銛先にも転用されたことは容易に推定できる。

この貝製ビーズは、04年に『サイエンス』で初めて報告され、先の線刻付きオーカーの発見に続く MSA 人の現代性の証明として大きな話題になった。顕微鏡によって、穴には何かで擦られて摩滅した痕が観察され、穴に紐を通してビーズにした、と推定された。それまで貝製ビーズは、4万3000年前ころと推定されるトルコ、ウサギズリ遺跡の58点の例が世界最古とされていたから、アフリカ MSA の先進性をまたしても証明したわけだ。

ビーズは、全部で41点見つかったが、ほぼすべてが、M1 層に由来すると見られるので、7万5000年前のものということになる。このうち19点は1カ所に固まって見つかったことから、一連の装身具と考えられる。

ただしビーズ説についても、米考古学者ランドール・ホワイトやクラインから、人工品であることを疑う意見が出た。しかし出土点数が1～2点といった少数ならともかく、穿孔小貝殻が19点もまとまって見つかるという状況も考慮すれば、自然に壊れて穴が開いたとする論議は成り立たないのではなかろうか。しかもナッサリウス・クラウシアヌスは極めて小さく、とうてい食用にならない。水草に付着したものが偶然に洞窟内に運び込まれたにしては、穿孔例が揃いすぎている。しかも冒頭で挙げた線刻付きオーカーと同一層位ということを考慮すれば、小貝殻がビーズ製作のために持ち込まれ、したがってそこに象徴的意味を汲み取ることは論理的だろう。装身具というのは、ただの飾りではない。集団内に何らかの、例えば集団内の地位を示すとか、アイデンティティーの象徴とかの意味があるから、身に着けられるのである。

実は、ビーズと言えば、アフリカでは現代まで狩猟採集民の間で使われた適材がある。硬くて大きいために容器にも利用されたダチョウの卵殻だ。これから作られたビーズが、ケニアのエンカプネ・ヤ・ムト岩陰で3万9900年前と推定される層から13点出土し（他に未製品や失敗作が多数ある）、ヨーロッパに先立つ現代的行動の証拠とクラインも高く評価する。ただし出土層位は、MSAより新しいLSAだった。だがこのダチョウの卵殻製ビーズもまた、最近、MSAに遡る可能性が出てきた。年代的にはまだ不確かだが、タンザニア、セレンゲティ国立公園内のロイヤンガラニ遺跡で、直径5㎜ほどの標本が2点、03年に発見され、翌年のカナダ、モントリオールで開かれた古人類学協会総会で発表されたのだ。7万年前の可能性があるという。

7　イスラエルでも10万年以上前の貝製ビーズ

この南アフリカでの最古のビーズという記録は、実は後日にあっさりと破られる。しかし、これが逆にブロンボスのビーズの確実なことを裏づけるものになった。したがって、この象徴行動のアフリカ起源をさらに固めることになったのである。それは、共伴した人類がアフリカに起源を持つ早期ホモ・サピエンスであり、ユーラシアで他に類例が見られないことから、ここでいきなり製作されるようになったとは考えにくいからである。

『サイエンス』06年6月23日号で、ロンドン大学のマリアン・ヴァンハーレン、フランスフランス国立科学研究所(CNRS)のフランチェスコ・デリコら英仏共同研究チームは、新たにブロンボスの年代を2万5000年以上も溯る貝製ビーズの確認を報告したのだ。２人は、1930年代初めにイスラエル、スフール洞窟で２点、40年代末にアルジェリアの開地遺跡ウエド・ジェバナで１点で発見され、その後、博物館に収蔵されたままになっていた海産のムシロガイ（ナッサリウス・ギボスルス）貝殻を精査し、これらを人為的なビーズ製品と認定した。貝殻は、長さ1.5㎝ほどのブロンボスと同属の小型巻き貝で、そこに小さな穴が開けられていた。

スフール洞窟は、言うまでもなくかつてセオドア・マッカウン（米）らが早期ホモ・サピエンス化石10個体を発掘し、後にアーサー・キース（英）と共同研究した「早期ホモ・サピエンスの聖地」だ。同じく早期ホモ・サピエンス化石を出したイスラエルのカフゼー洞窟と比肩する著名遺跡である。最近の測定で、これらスフール個体群の年代は10万～13万5000年前とされている（ウエド・ジェバナの年代ははっきりしないが、少なくとも３万5000年前で、それ以上であることは確実という)。ヴァンハーレンとデリコらは、収蔵庫から再発見された２点の１つに付着していた堆積物の名残を、走査型電子顕微鏡、Ｘ線解析で検査し、のち化学分析も加え、それが人骨包含層土層と一致することを確認した。ここから、海産貝殻ビーズをヒトが作ったのも、10万年以上前になることは確実となった。

ヴァンハーレンらが重視するのは、スフール、ウエド・ジェバナ両遺跡に近い現代のハイファ湾（イスラエル）とジェブラ島（チュニジア）で収集された現生の同貝殻の長さと幅を0.5㎜ごとにまとめて棒グラフにし、それをスフール洞窟例とウエド・ジェバナ例と比較した結果である。現生個体群はきれいに正規分布するが、スフール洞窟例ほどの幅を持つ例は全く存在せず、長さもスフール例は極端に大きかった。ウエド・ジェバナ例も、スフール洞窟例ほど極端ではないが、長さ・幅とも大型グループに入る。ここからヴァンハーレンらは、象徴利用のためのヒトによる大形個体の意図的な選択と遺跡への搬入、と判定した。象徴行動は、北アフリカと中東の早期ホモ・サピエンスにも持ち込まれていたのである。なお付言しておけば、カフゼー洞窟でも早期ホモ・サピエンス埋葬遺体に、オーカーとともに、穿孔された海産貝殻製ビーズが伴っているとされる。

ヴァンハーレンらの研究に対する学界の反響は、同号に掲載されていた解説記事で読み取れる。さっそくカタンダの発掘者アリソン・ブルックスは、「貝殻をビーズとして象徴使用した特筆に値する証拠」と、高く評価した。またブロンボス洞窟のヘンシルウッドも、「現代人的な認知能力の証拠で、すでに分節言語を話していた間接的証拠」と、好意的評価をしている。さらにアリゾナ大学のスティーヴン・クーンは、両遺跡とも海岸から遠いことに注目し、食用価値の全くない小貝殻を遺跡までヒトがわざわざ運んだのも象徴利用の目的があったからに違いない、とコメントしている。ただ同時にクーンは、スフール貝殻は上部にあった物が下層に紛れ込み、それが拾い出された可能性もないわけではない、と危ぶむ。例数の少なさから、確かにその恐れを排除できない。

ただ、6万～4万年前に現生人類の「創造の爆発」が起こったとして、それを神経学的仮説で説明し、ブロンボス洞窟のビーズにも懐疑的なリチャード・クラインは、相変わらず懐疑的な姿勢を崩さない。たとえそれらがビーズだとしても、4万年以上前の例はごく少ないので、象徴行動の全面的展開とは認められないというのだ。

だが解説記事でヘンシルウッドが指摘しているように、それは「氷山の一角」であり、今後とも調査の進展で、類例は増え続け、象徴の利用が生物学的ホモ・サピエンスの出現した20万年前に向かってさらに古くなっていくだろう。

8　線刻オーカーは象徴化の思考過程

数あるブロンボス洞窟の出土品で、特にその名を高からしめたものに、本章冒頭で述べた線刻付きオーカーがある。『サイエンス』02年1月11日

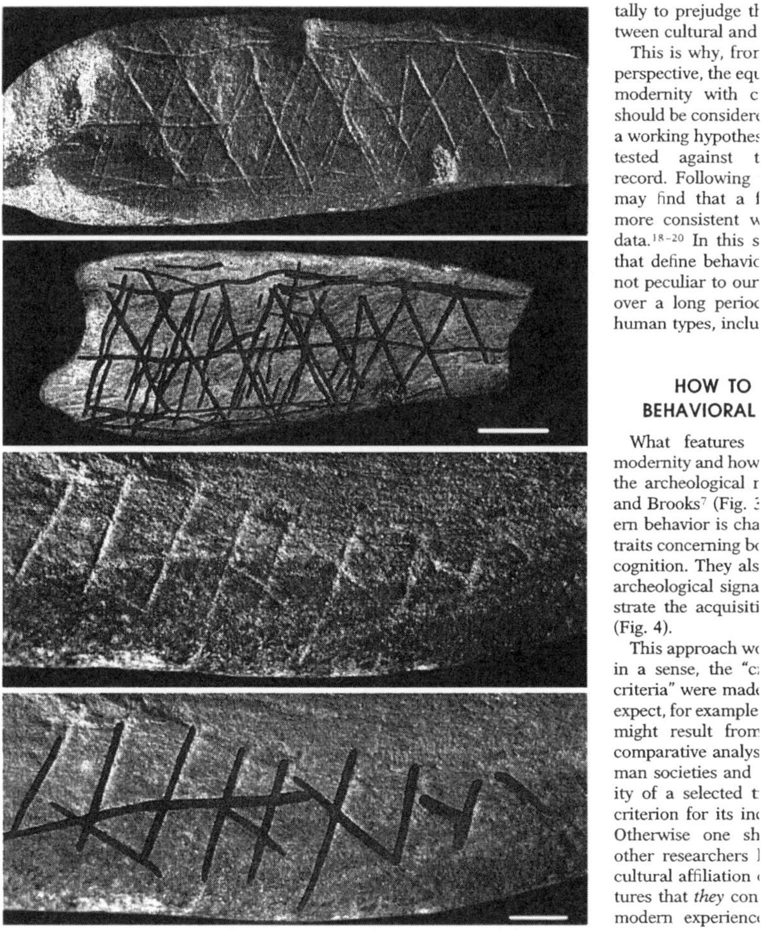
tally to prejudge th
tween cultural and
This is why, fror
perspective, the equ
modernity with c
should be considere
a working hypothes
tested against t
record. Following
may find that a f
more consistent w
data.[18-20] In this s
that define behavic
not peculiar to our
over a long perioc
human types, inclu

HOW TO
BEHAVIORAL

What features
modernity and how
the archeological r
and Brooks[7] (Fig. 3
ern behavior is cha
traits concerning bc
cognition. They als
archeological signa
strate the acquisiti
(Fig. 4).
This approach wc
in a sense, the "c
criteria" were made
expect, for example
might result from
comparative analys
man societies and
ity of a selected t
criterion for its inc
Otherwise one sh
other researchers l
cultural affiliation c
tures that *they* con
modern experience

図14　様々な論文で引用される線刻付きオーカー。
上がSAM-AA8938。(d'Errico, F. 2003. *Evolutional Anthropology* より)

号で報告され、世界に大きな衝撃を与えた。MSA層からはトータル8000点以上もオーカーが見つかっているが、このうち7点に線刻の形跡があり、明確なM1層出土の2点が写真入りで報告された。科博で披露されたオーカーは、最も線刻が明確な例で、長さ7.58㎝、重さ116.6gの三角柱状の側面に、格子状の線が刻まれている。まず右下がりと左下がりの斜線を交差させ、さらにその上に3本の横線を平行に刻む。オーカーは硬く、したがって意味は不明ながら、ヒトがある意図の基に刻んだことは間違いない(図14)。報告者のヘンシルウッドは、ヨーロッパで同じものが見つかったら「アート」と呼ぶだろうと評価する。ちなみにMSAの骨の線刻例は、すでにブロンボス洞窟で見つかっているし、線刻とまでは言い切れない刻み目の付いた断片的なオーカーは過去に他の南アの遺跡でも発見された先例がある。

線刻は、具体的なものを表現したとは思われないが、これにより何かのメモ、メンバー間の意志伝達の役割を果たしたのだろうと考えられた。ヘンシルウッドの共同研究者であり、スフールなどの貝製ビーズ報告者であるCNRSのフランチェスコ・デリコも、線刻オーカーを象徴化によって個人の脳の外側に概念の貯蔵が可能になった時と位置付け、認知能力と文化伝達の進化における基本的転換点だったと高く評価する。このように貝製ビーズと線刻オーカーのブロンボスの例は、遅くとも7万5000年前に抽象化、象徴化の思考過程が存在していた有力証拠をもたらしたのである。

9　美麗なスティル・ベイ型尖頭器と漁労

ブロンボスでの現代化の第4の証拠は、M1層に集中する400点以上のスティル・ベイ型尖頭器と呼ばれる優美な石器だ(図15)。南アの一角に局地的に分布する、長さ7〜8㎝前後の尖頭器で、厚さは5㎜前後と薄い。

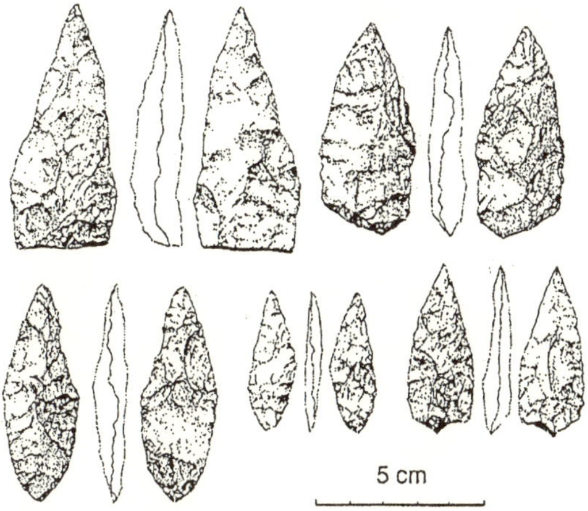

図15　スティル・ベイ型尖頭器。
(d'Errico, F. 2003. *Evolutional Anthropology* より)

両面に木の葉状の精緻な剥離が施されており、2万年前ころのフランスで盛行したソリュートレ文化期の月桂樹様尖頭器を彷彿させる。マクブレアティらによると押圧剥離というが、とすれば優美で精緻な進歩した石器製作法が7万5000年前に現れていたことになる（ただしソリュートレ文化などと直接の関係はない）。注目すべきは、骨製尖頭器にも似た実用を越えた製作へのこだわりであり、そこに美的意識や象徴的意味が込められていた可能性がある。

以上4つの人工品と並んで、ブロンボスで重要視されるのは、特にMSAのM3亜層で濃密な、食用になったと思われるカサガイの仲間などの巻き貝やムール貝などの貝殻、タイの仲間の骨といった夥しい自然遺物の群集である。魚骨には、復元体重30kgにも達するものがある。60年代にブロンボス洞窟のさらに300kmほど東方の、やはりインド洋に面したクラシーズ・リヴァー洞窟群でシカゴ大学のグループが発掘調査を行い、MSA層から大量の貝殻や魚骨を検出し、世界最古の漁労跡と話題となったが、ブロンボス洞窟のM3亜層は、これより年代的にやや古い。先のナマズ漁をしたカタンダでも見られたように、MSAでは、先行するESAになかった新しい生業戦略が採用されていたことを示したのだ。

このようなブロンボス洞窟の成果は、従来観、すなわち現代的行動の後期出現説に見直しを迫ると同時に、あらためてマクブレアティらの先見性を浮き彫りにしたと言える。

10　28万5000年前に遡った石刃技法

マクブレアティらが指摘した現代的行動の重要な要素のうちの「革新的技術」も、最近、さらに遡っている。ここで特に注目されるのが、マクブレアティ自らが発掘調査を続ける東アフリカ、バリンゴ湖近くのカプサリン層群での成果だ。

何度も言及する00年のマクブレアティらの論文で、カプサリン層群ではオーカー、その塊を擦り潰すために用いた擦り石・石皿、そして石刃技法の出現が28万年前ころに遡ることが既に指摘されていた。

ヨーロッパでもネアンデルタール人のオーカー利用は知られているが、アフリカではかなり多数の遺跡で、しかも大量にオーカーが見つかる。組織的、長期的採鉱活動を思わせるほどの大量出土さえ見られる。オーカーは、アフリカでは現代でも身体彩色、衣服の染色に用いられている重要な顔料だ。身体に用いる場合、薬用などの意味も考えられるが、重要な役割は装身具のような身体の装飾だ。これが組織的に用いられていたとしたら、新技術の創出とともに、そこに象徴化の芽生えを見ることができるかもしれない。マクブレアティらによると、カプサリン層群のGnJh-15遺跡では獣骨片や石器、ダチョウの卵殻片とともに、5 kgを越えるオーカーが見つかり、さらに追加発見が続いているという。この年代が、最近のアルゴン－アルゴン年代測定法で28万5000年前ころと推定された。ちなみにザンビアのツイン・リヴァース洞窟の顔料に処理されたオーカーの年代も23万年前ころと推定されているので、カプサリン層群の年代は決して突飛な古さではない。

カプサリン層群では、石刃技法の存在もまた確認されている。旧石器考古学で上部旧石器文化を特徴付ける石刃技法は、ヨーロッパでは古くても約４万年前以降にならないと使われないと考えられる進歩した石器製作技術である（ただ、東京大学の西秋良宏氏の教示によると、中東では25万年前くらいまで遡る可能性のあるフンマル文化＝フンマリアンという石器文化に石刃技法が見られるという）。石刃とは、長さが幅の倍以上ある剥片で、しかも石核から連続的に剥離されるものを言う。これによりヒトは、限られた石材から規格化された石器素材を経済的に大量に製作できるようになり、これを素材にして細部加工を施し、尖頭器、彫器、削器、掻器など、様々な石器が用途別に製作できるようになったのだ。アシュール文化後期に考案されたルヴァロワ技法による剥片石器製作の場合、基本的に石核に対してたった１個の剥片しか得られなかったことに比べれば、これは大きな進歩だった。

石刃技法は、以前からアフリカではヨーロッパよりも早くから製作されていたと考えられていた。既に1960年代に、同層の GnJh-03 遺跡で大量に石刃とそれを剥離した石核が見つかり、25万年前近くになることが予測された。また70年代に報告されたエチオピア、ガデモッタ遺跡では、不確実な数値ながら23万5000年前の層から石刃の出ることが知られていた。この層では、全石器の13.6％を石刃が占める。そして最近のアルゴン－アルゴン法の年代測定で、カプサリン層群が28万5000年前まで遡るにいたったことは既に述べた。ガデモッタの年代を５万年古くし、したがって世界最古の石刃となる。なお GnJh-03 では、発掘された剥片のおよそ４分の１が石刃で、全体の石器の13％ほどは剥離前の状態に接合できるという。ここは、石器の製作址であったのだ。

こうして作られた石刃は、かなりの部分が MSA の特徴である尖頭器に、地域ごとの多様性をもって加工された。

11 投げ槍の発明と長距離交易の開始

重要なのは、マクブレアティらも説くように、スティル・ベイ型に留まらずMSA尖頭器は人類史上初めての飛び道具だった可能性である。穂先に装着して、投げ槍に用いられたというのだ。ブロンボス洞窟例のように、石器器種の52％を尖頭器が占めるというように、MSAでは特に尖頭器が石器構成に卓越している。そのうえ先行するESAアシュール文化の石器は大形であり、槍先に装着できたとしても、投げるのに適さない。

その意味で、マクブレアティらが重視するのは、クラシーズ・リヴァー洞窟の絶滅ウシ科動物ペロロヴィスの胸椎にMSA尖頭器が突き刺さって見つかった事実だ。ペロロヴィスは、現生のアフリカスイギュウに近縁な動物で、復元体重900 kgという。またボツワナのギ遺跡でMSA尖頭器600点以上とともにペロロヴィスとイボイノシシの骨が見つかっている。いずれも攻撃されれば突進してくるので狩りの標的としては危険な動物であり、飛び道具なしには狩猟不可能だったと考えられる。とすれば、アシュール文化のヒトが主に死肉漁りと植物採集で生計を立てていたことに比べ、生業戦略の点で大きな進歩となる。内水面でも外洋でも一部で漁労が採用されたこととあいまって、これは現生人類の人口を大きく増やすことにつながったかもしれない。

もう1つ、MSAで飛躍的に発展したものに、長距離交易網による離れた集団間の相互作用がある。その痕跡は、東アフリカで産出する黒曜石の流通に見られる。火山岩の一種である黒曜石は、火山ガラスとも称されるようにガラス質に富み、割ると鋭利な刃が得られ、最高の石器原材の1つとなる。火山列島の日本でも、長野県や北海道などの各地の産地で後期旧石器遺跡から採取され、広く流通した。黒曜石は、X線蛍光分析などで産地同定が可能で、その観点から東アフリカでも幅広く研究されている。マクブレアティらによると、グレゴリー峡谷では少なくとも1000ｍの標高差を黒曜石が動いているという。タンザニア北部のムンバ岩陰の第VI層（MSA）で出土した黒曜石製石器は、320㎞もの遠方のものだった。13万〜10万年前のものらしい。

前述のように黒曜石は最高品質の石器素材だったから、東アフリカMSA人に特に好まれた（火山のない南アでは、代わりにシルクリートという緻密な石材が好まれた）。ケニアのプロスペクト・ファーム遺跡では、どの層位でも出土石器の実に99.5％が黒曜石製だった。選別も厳しく、同じケニアのプロロングド・ドリフト遺跡出土の黒曜石の90％は50㎞ほど離れた産地のものだった。遺跡すぐ近くに黒曜石の露頭が見られるにもかかわらず、である。

こうした事実からマクブレアティらは、黒曜石は「交易（trade）」されていた、と考える。MSAに高度な社会的ネットワークが存在していたというわけだ。そしてこれを交易とすれば、メラーズの指摘する革新の1つは、実はもっと古くから始まっていたことになる。

現代クン・サン族も、先に述べたダチョウの卵殻製ビーズを異なる集団間で流通させている。それを友好の証として、保険証券のように使っている。一時的に食料不足になっても、卵殻製ビーズを流通させている異集団のテリトリーに、それで容易に入っていけるのだという。精緻に加工されたMSA尖頭器や黒曜石は、その種のものであった可能性がある、とマクブレアティらは見るのだ。

飛び道具製作技術や漁労という新技術の発展、それに象徴化システムに裏付けられた長距離交易に見られるようなリスク・マネージメント戦略は、時期は別にして、メラーズが想定するように、MSA人の人口増をもたらしたのは確実だ。それが、10万年前ころと見られる現生人類の出アフリカ第1波、そして6万5000年前ころからのユーラシア大陸への大拡散を促した原動力になったのかもしれない。

12　なかったのか？　死者の埋葬と洞窟壁画

マクブレアティらは、00年発表の長大な論文を「存在しなかった革命」と題したが、そこで様々な現代的行動の出現時期の図を載せている（図16）。それは、まさに後期出現説派が言うような現代的行動が一挙に、急速にではなかったことを示したものだった。

こうして見ていくと、ヨーロッパの最古の上部旧石器文化であるオーリニャック文化にあるのに、アフリカのMSAには存在しない行動があっても、当然かもしれない。死者の埋葬と洞窟壁画が、それだ。

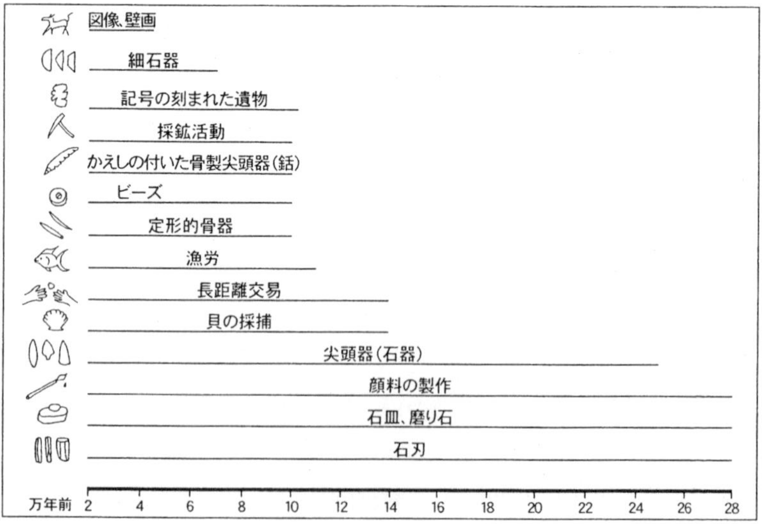

図16　マクブレアティらが2000年論文に掲載したアフリカにおける現代人的行動の始まり。様々な行動が、一斉にではなく、個々別々の時期に現れたことを示す。ただし、ビーズ出現年代などについては、修正してある。（McBrearty, S. and. Brooks, A. S. 2000 を改変）

多くの成果を生んでいるあのブロンボス洞窟でも、その2つは見つかっていない。炭酸カルシウムに富んだ地下水が、骨と貝の例外的な保存の良さの背景となっているが、それにもかかわらず、数本の歯以外、まだここでは人骨は見つかっていない。現在も墓の発見が伝えられないことからすれば、高度な象徴化を行っていたMSA人もまだ埋葬をしていなかったと考えざるを得ない。ただ、クラシーズ・リヴァーで出土する人骨には、砕かれ、焼かれた痕があるものがあることから食人と考えられているが、それが未開社会に広く行われていた儀礼的食人だった可能性はある。またエチオピア、ヘルト（16万年前）の5号頭骨（子供の骨）の頭頂部に繰り返し擦った痕が認められ、埋葬ではなくても何らかの儀礼が行われていた可能性が指摘されている。

ブロンボス洞窟の線刻オーカーは、何らかの象徴であるにせよ、芸術作品とは呼びにくい。今や放射性炭素で3万2000年前と測定されたフランス、ショーヴェ洞窟の壁画、これまた放射性炭素で3万3000～3万1000年前という年代の出たドイツ、ホーレ・フェルス洞窟の鳥の彫刻作品などのヨーロッパの例を見ると、先進地アフリカでなぜないのかという疑問は拭えない。マクブレアティらがアフリカ考古学の泰斗である英のD・W・フィリップソンの指摘を引用しているように、サハラ以南のアフリカにはヨーロッパのような深い石灰岩洞窟はほとんどないことも理由なのだろう。壁画なら描かれたとしても風化されて失われてしまっただろうし、彫刻も撹乱・腐朽で残存しなかったというわけだ。

それを裏付けるかのように、ナミビアのアポロ11号洞窟では天井から剥落したと思われる石板に描かれた動物図像は、包含層はMSAだが、年代は若く、2万8000～2万6000年前という。ただし古い図像は、ヨーロッパほど普遍的でなく、アポロ11号洞窟は希有な例と言えるので、MSAの洞窟壁画については判断材料が乏しいのが現状だ。ただ南部アフリカには、多くは新しいものだが年代不詳のいわゆる「ブッシュマンの岩絵」と称される岩壁画が広く分布しているので、今後の探査で古いMSA例が見つかる可能性もなくはない。

13　モザイク的な発展をした現代人的行動

こうして見ていくと、アフリカの現代人的行動は、MSAで始まったとしても、それらはそれぞれモザイク的な発展を遂げたように見える。しかも、サハラ以南のアフリカでMSAは、決して一様に先行するアシュール文化から転換したのでもない。

カプサリン層群のGnJh-17遺跡では、石刃の出る層（MSA）とハンドアックスの出る層（ESA）とが交互に見られる、とマクブレアティは指摘している。また16万年前のヘルトでハンドアックスが出ていることから、遅ければこのころまでアフリカの一角でアシュール文化が続き、アシュール文化とMSAには少なくとも12万5000年間の並行期があったことが判明している。このことも、MSAの発展が一様ではなく、モザイク的であったことを証明しているようだ。

現代人的行動のモザイク的発展を例証するのは、アフリカからの渡来民であったことが確実なイスラエルのスフール、カフゼー洞窟の埋葬例である。アフリカで確実な埋葬がないのは、まだ見つからないだけだとしても、これまでに見てきたアフリカの先進例と比べると、両洞窟は「立派」に過ぎるのである。

例えば両洞窟で、確実な副葬品が少なくとも、２例に見られる。まず、カフゼー洞窟では頭部付近に大きなシカの角が添えられていた埋葬例があった。次にスフール埋葬例の１つには、「両腕にかき抱くようにして」イノシシ顎骨が添えられていた。これらは、嵌入ではなく、明らかに意図的副葬である。前述したように、象徴化の証拠である海産貝殻ビーズも副葬されていた。

10万～9万年前のイスラエルの現生人類は、このように高度な象徴化を身につけていた。にもかかわらず、彼らは東南アジアにもヨーロッパにも進出していかなかった。メラーズは、前章で取り上げた論文で、彼らの石器が典型的なムスチエ文化のものであり、そこには現生人類的な要素の全く見られないことに、特に言及している。知的、象徴化能力を持ったが、テクノロジーと社会経済的組織化では先住のネアンデルタール人に後れをとったアフリカからの第1波は、これにより先住人類（東南アジアはホモ・エレクトス、西アジアはネアンデルタール人）に行く手を阻まれたのではないか、という。だから、それはごく短期間の実験的な進出であって、その後、中東を再びネアンデルタール人に明け渡さざるを得なかっただろうというのだ。

14　ユーロセントリズムを越えて

もう1つ、カプサリン層群などが投げかける謎は、20万年前以前に現代的行動の一部でも出現していたのだとすれば、それを創始したのはどんな人類だったのかという点だ。化石と分子証拠から、形態的な現生人類の出現は20万年前ころと見られるので、カプサリン層群の証拠は、それよりも10万年近く古い。

マクブレアティらは、1932年に発見され、「ホモ・ヘルメイ」と命名された26万年前ころのフロリスバット（南ア）頭骨化石をその担い手と想定し、この化石をホモ・サピエンスの先駆けと見る。英自然史博物館のクリストファー・ストリンガーも同意見だ。ただ、後期ネアンデルタール人の一部が初期上部旧石器文化を発展させ、中東の早期ホモ・サピエンスがネアンデルタールの石器文化であるムスチエ文化（ムステリアン）を伴っていたように、人類種と文化とは必ずしも一致しないし、

GnJh-17遺跡例や初期現生人類にアシュール文化の伴ったヘルトの例もある。ホモ・サピエンスの起源が、フロリスバットまで古くなるかは、まだ確かではない。

今、マクブレアティらの00年論文を味読すると、専門研究者の深層意識に潜むバイアスの強さをあらためて再認識される。マクブレアティらは、そこで後期出現説をユーロセントリズム（ヨーロッパ中心思考）と痛烈に批判したが、それほどに同説は20世紀末までの欧米研究者の間で常識に近かった。その背景には、マクブレアティらも指摘するように、ヨーロッパとアフリカとの間に横たわる圧倒的な調査密度の違いがある。アフリカは広大だが、考古学・古人類学研究者は少ないし、研究史も浅い。経験を積んだ研究者は、ヘンシルウッドを除くとほぼ全員が英米の研究者だ（ヘンシルウッドも白人である)。しかもアフリカ先史学の大方の研究者の関心は、数百万年前の初期人類に集中している。

マクブレアティらが、00年論文で例示している数字は、実に興味深い。中期更新世末から後期更新世初頭（筆者注　だいたい2、30万年前～5、6万年前）の調査された遺跡数は、約160万㎢の東アフリカでわずか10遺跡以下なのに対し、たった2.1万㎢ほどの西南フランスで100遺跡以上にものぼるという。ちなみに国土開発が進み、それだけ発見の機会が多く、研究者数も多い日本の場合、3万5000年前以降の後期旧石器遺跡は1万近くも知られている。アフリカの調査例は少ないうえ、調査も南アフリカと東アフリカの一部に極端に偏っていて、西アフリカや中央アフリカは事実上、未調査のままなのだ。それゆえ現在の論議も、その土俵の上で行われていることを考慮に入れておかねばならない。

現代的行動は、ヨーロッパの後期ネアンデルタール人の一部にも見られ、しかもそれはネアンデルタールが自発的発展させたとする説が、最近、出されている。次章では、この問題についても、考えていく。

第5章　書き換えられる「狩猟民」としてのネアンデルタール人復元像

1　発見から1世紀半

昨年の2006年は、ドイツでネアンデルタール人化石が発見されて150周年だった。それを記念して、ドイツ各地で展覧会や国際会議が開かれたという。

1856年8月、デュッセルドルフ東方13㎞のネアンデル渓谷岩壁に開いた無数の洞窟・岩陰群の1つ、クライネ（小さな）・フェルトホーファー洞窟から、おびただしい堆積土砂とともに、ネアンデルタール人第1号化石が掘り出された。後述するが、1997年に新たな人類化石が追加発見されたために、この元祖化石は現在では「フェルトホーファー1号」と命名されている。

当時、渓谷は大規模な石灰岩採掘場となっていて、化石は洞窟そのものを掘り崩す作業中の作業員により、偶然に約4万年間という長い眠りから呼び覚まされた（図17）。しかし眼窩上隆起の突き出たヘルメット状の頭蓋冠と太い四肢骨などから成る化石は、その重要性を認識できなかった作業員に土砂とともに20m下の渓谷底に投棄されてしまった。ただ幸いにも、直後にクマの骨が出たと誤り知らされた地元の教師ヨハン・カール・フールロットの手で、前記の頭蓋冠を含む骨格の一部は回収された（図18）。ただし、一緒に出た多数の旧石器と絶滅動物化石は、そのまま土砂の中に放置された。化石の来歴をうかがうのに重要な手掛かりを得られなかったこともあり、フェルトホーファー1号の位置付け

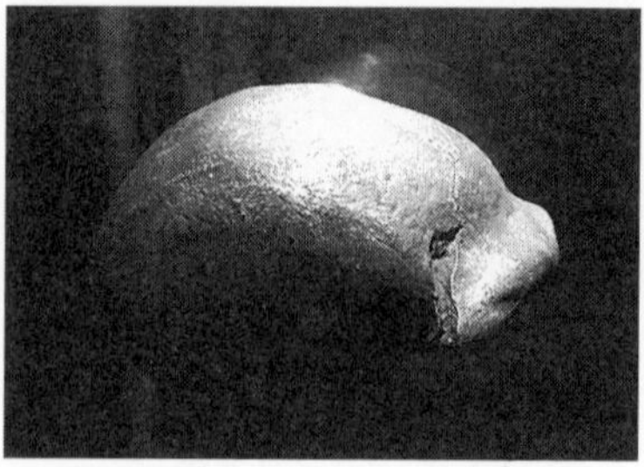

図18　フェルトホーファー１号化石（頭蓋冠）。

図17　石灰岩採掘以前に描かれたネアンデル渓谷の景観。人が岩を登っている奥の木の後ろに洞窟が見える。

をめぐって、以後、激しい論争が始まる。

2　１世紀半ぶりに化石を追加発見

この論争は、また現代古人類学の幕開けともなるものだった。もちろん、ネアンデルタール人が正当に評価されるまで、まだ多くの歳月が必要だったが、とりあえずこの化石により科学界は具体的に人類進化を議論できる素材を手にしたのである。その３年後の1859年に、英のチャールズ・ダーウィンとアルフレッド・ウォレスが、それぞれ独立に自然淘汰による進化論を発表し、進化生物学・古生物学の基礎を築かれるが、フェルトホーファー１号はダーウィン進化論に人類という視点から重要な資料を提供することになった。

もっともその後に明らかになったのだが、1856年以前にも、それと認識されることなく、ネアンデルタール化石はすでに２カ所で発見されていた。文字通りの第１号は、ベルギーのアンジで見つかった幼児頭蓋で、1829年末か30年初に（現在でもはっきりしていない）掘り出された。続いて1848年、ジブラルタルのフォーブス採石場で、成人ネアンデルタール人頭蓋が見つけられた。いずれも、その存在が科学界に認識されたのは、フェルトホーファー化石の発見後しばらくたってのことだから、フェルトホーファー化石が事実上の第１号だった意義には変わりはない。

フェルトホーファー化石は、人類学・考古学・古生物学史に大きな意義の有する発見となった。またこの化石の帰属する人類種集団名が初めて見つかったネアンデル渓谷という地名から採用された事実も踏まえ、ここで少しクライネ・フェルトホーファー洞窟の「奇跡」を見ていきたい。

フェルトホーファー１号に限らず、あらゆる古代資料の研究には出土層位・立地・古環境などの同定と解明は不可欠だ。それにもかかわらず、19世紀の大規模な石灰岩採鉱活動によって、ネアンデル渓谷の景観は一変してしまい、結果として元のクライネ・フェルトホーファー洞窟の位置そのものが20世紀初めまでにはわからなくなってしまっていた。

失われた遺跡を特定する不可能とも思える試みは、1983年からだいたいの見当をつけた辺りを試掘するという形でささやかに始まったが、予想されたように３回の試掘でも位置を絞れなかった。しかしその後、ドイツの考古学者ラルフ・シュミッツらが、様々な文献調査と並行して、91年、次いで96年と、先の試掘地近くで小発掘を再開、ようやく元の位置を絞り込むことに成功する。翌97年９月の発掘の結果、ついに１世紀半も前に谷底に投棄された土砂の在処を奇跡的に突きとめることができたのである。この時の発掘調査で、新たにネアンデルタール化石とそれと一緒に埋まっていたと思われる多数の旧石器、動物化石も回収された。発掘は、2000年にも行われ、さらにネアンデルタール人化石などが追加され、2回の発掘で新たに回収されたネアンデルタール人骨は合計62点に達した。

3　年代も4万年前と確定

先に「奇跡」と書いたが、フェルトホーファー化石には実に3つもの「奇跡」が伴っていた。

まず、かつての「ロスト・ワールド」が、前述のように消失1世紀半後に特定されたことが第1の奇跡だとすれば、第2の奇跡は、これより10カ月前の96年11月に、1世紀半前に回収されていた元祖ネアンデルタール化石骨から、旧石器人骨としては初めてミトコンドリアDNAの一部配列を抽出することに成功したことだ。翌年7月に発表されたこの報告は、当時漠然と5万年前ころと推定されていた太古の化石からミトコンドリアDNAを回収し、配列を解読できたことで、世界を瞠目させたのである。後述するが、これによりネアンデルタール人が現代人とは系統的に異なる可能性の高いことが示され、当時の人類学・考古学界を二分していた現生人類とネアンデルタール人の起源論争を決着に導く糸口となった。

第3の奇跡は、97年と00年の発掘で新たに回収されたネアンデルタール化石の一部が、1世紀半前の元祖化石とジグソーパズルのピース同士のように接合したことである。まず、97年発掘のNN13標本が、元祖化石の左大腿骨骨端外側にピタリとくっついた。これにより、新発見遺物群は1世紀半前に掘り出され、回収されずに取り残されたものであることが最終的に確認された。次に00年発見の2点の頭蓋片が、元祖頭蓋冠に接合した。完全さにはなお遠いが、欠損ピースがおよそ140年の時を経て補充されたことは、まさに奇跡であった。

このようにこれらの人骨化石片には、かつて見つかっていた骨格化石とつながる例もあったが、既発見部分と重複するために、明らかに別個体に属すると判定されたものも確認された。例えば、成人右上腕骨片（NN1 標本＝長さ約 108 ㎜ で、元祖上腕骨よりもやや華奢）が、その例だ。また NN1 標本と同一個体に属するかどうかは不明だが、上腕骨遠位端、右尺骨片と左尺骨片は、フェルトホーファー１号とやはり別個体と考えられるので、１世紀半前の個体とは別に、少なくとももう１体の成人ネアンデルタール人が埋まっていたことが確実となった。かくて元祖化石は、「フェルトホーファー１号」と新たに呼ばれることになったのだ。さらに別に若年個体の乳臼歯も見つかっているので、洞窟には最低限３個体が埋まっていたことになる。

シュミッツらは、１号化石と、第２の個体である NN1 右上腕骨、帰属不明の右脛骨片 NN4 の３標本からコラーゲンを抽出し、加速器質量分析計（AMS）で直接に放射性炭素年代を測定し、その結果も報告した。それによると、１号は３万9900年前、NN1 は３万9240年前、NN4 は４万0360年前（いずれも非較正、±の誤差範囲は省略。以下同様）となった。それぞれに付いた600～700年ほどの誤差を考慮すると、３標本はいずれもほぼ同時代人ということになる。したがってシュミッツらは、帰属不明の NN4 は１世紀半前に回収されず、土砂中に取り残された１号個体の一部ではなかったかと想像している。

これにより、これまで年代を知る手掛かりすら皆無だったフェルトホーファー１号に、あらためて科学的な年代値が与えられたことになる。ちなみにこれらの年代は、後述するクロアチアのヴィンディヤ・ネアンデルタール人より１万年以上は新しいが、ヨーロッパ最古の現生人類化石であるルーマニアのペステラ・ク・オース下顎骨標本の直接の年代測定値、３万6000～３万4000年前よりも5000年ほど古い。

4　浮沈繰り返した進化上の位置

フェルトホーファー1号に似たネアンデルタール人化石は、20世紀初頭にヨーロッパ各地で相次いで追加発見され、怪異な容貌と頑丈な骨格を共有することから、この系統上の位置付けが大きな問題になった。現生の我々と彼らはどのような関係にあるのか――この問題をめぐっては、一時は過小評価に傾く一方、時には過大評価されたり、とシーソーさながらの幾多の浮沈が繰り返されてきた経緯がある。その転変ぶりについてはここでは詳しく触れない（論争史について関心のある方は、『ネアンデルタール人』エリック・トリンカウス、パット・シップマン、中島健訳、青土社、1998が詳しい）。

ただ、大勢として20世紀前半までは、野獣のように劣った存在とする見方が一般的だった。その背景には、このような醜悪な（と考えられていた）連中が自分たち白人の祖先であるはずがないとするユーロセントリックな人種主義思考があり、したがって現代人と無縁な存在と考えられた。ところがその後一転して、前世紀後半の一時期に、ネアンデルタール人は現生人類の祖先に当たると「復権」された時期がある。米で盛り上がりつつあった黒人による公民権回復運動、人種差別反対運動が、思想的に復権の後押しをした。

1つの転換点になったのは、1951年から60年にかけてイラク、シャニダール洞窟で実施された発掘調査の成果だった。回収されたネアンデルタール4号個体のそばから少なくとも8種もの花粉粒群が検出されたことから、遺体は花を供えて埋葬されたとされ、その人間らしい心性は、ネアンデルタール人を現代人の直接祖先とする勃興しつつあった見解を有力なものにした。もっともその後、調査で確認された花粉粒群は、この一帯に生息する穴居性のスナネズミが餌として洞窟内に持ち込んだ花に由来するものだとする反論が出され、類例の続かないこともあって、現在は懐疑論の方が強い。

その一方で、70年代以降、それまでの推定を覆すような、ネアンデルタール人より年代的にはるかに古い現生人類化石が中東やアフリカで続々と発見されたことで、現生人類の祖先説は年代的な根拠を失った。第3章でも述べたが、それと符節を合わせるように、別の学問分野からもネアンデルタール人を祖先とする説に反する強力な新証拠が寄せられた。新開発された遺伝子分析による証拠である。ネアンデルタール人は、こうして再び失権する。現在では、彼らはアフリカ起源の現生人類ホモ・サピエンス（解剖学的現代人）とは遺伝的・系統的に異なるという点で、決着がついていることはすでに見たとおりだ。系統的には、ヨーロッパの先住人類であるホモ・ハイデルベルゲンシスから進化したヨーロッパの土着種「ホモ・ネアンデルターレンシス」として、ホモ・サピエンスとは別の種に位置付けられる。

5　ネアンデルタール化石からDNA抽出に成功

化石証拠の充実と競うように発展してきたこの遺伝的証拠についても、すでに第3章で述べたが、これらは生身の現代人から直接採集した遺伝子での分析だった。次に、課題とされたのは、化石からDNAを直接、抽出することだ。それが実現できれば、強力な証拠が得られる。その積年の課題が科学技術の発展で、絶滅したネアンデルタール人化石そのものから、ミトコンドリアDNA断片の抽出に成功したのである。

この試みを推し進めたのは、独ミュンヘン大のマシアス・クリングス、スファンテ・ペーボらで、比較的新しい古人骨からミトコンドリアDNAの抽出にすでに成功していた分子人類学の権威であるペーボは、同僚から相談を持ちかけられた時、10万年前くらいまでなら成功する可能性がある、と答えたという。フェルトホーファー1号の年代は、その時はまだ未解明だったが、形態的に特殊化した古典的（classic）ネアンデルタール人に属するので、その範囲内に十分に納まると判断された。研究チームの未曾有の試みが始まったのだ。

今ではもはや「古典」になっているが、米科学誌『セル』97年7月11日号に掲載された、同チームによるその成果の発表は、世界を衝撃させた。試料にしたのは、何しろ1世紀半も前の元祖ネアンデルタール化石だったからだ。チームは、この化石の右上腕骨から削り取った骨のうち、0.4g分から残存していたミトコンドリアDNAの小断片を回収した。その378塩基対を現在の世界各地に暮らす人々のものと比較すると、平均して27カ所で異なっていた。現代人同士の違いは、平均8個だ。それからクリングスらは、ネアンデルタール人と現生人類の分岐年代も推定し、69万～55万年前と出した。それに対して現生人類の分岐は、15万～12万年前という。遺伝的に隔離されてから独特の形態が確立されるまでにさらに時間がかかるので、ネアンデルタール人の形成が20数万年前という化石証拠と、矛盾しない。むしろクリングスらも指摘しているように、この研究による限り、ネアンデルタール人が現生人類に遺伝的に関与していなかったことは明らかなようだった。

6　3例とも現生人類と分離

ネアンデルタール人のミトコンドリアDNA分析の第2例は、英グラスゴー大のイゴール・オフチンニコフらによって、『ネイチャー』00年3月30日号に報告された。試料に用いた化石は、ロシア、北コーカサス地方のメツマイスカーヤ洞窟出土した幼児骨格で、形態からネアンデルタール人と判定された。化石には、年代測定に十分な量のコラーゲンを含んでいたので、これから骨格は約2万9000年前のものという放射性炭素年代値が直接導き出された。年代から見て、この標本は最後のネアンデルタール人の一例と言えるだろう。この化石から残存ミトコンドリアDNAの345塩基対を抽出して比較したところ、元祖ネアンデルタールと3.48%の違いしかなく、また世界の現代人試料と系統分析すると、現生人類と明確に異なる分類種に位置付けられることが分かった。

このミトコンドリアDNAデータから、分岐年代も推定されている。両ネアンデルタール人の最も新しい共通祖先は35万2000〜15万1000年前、現生人類とネアンデルタール人は85万3000〜36万5000年前、さらに現生人類同士は24万6000〜10万6000年前に分岐したという。それまでの各種研究と、矛盾点はほとんどない。結論として報告者らは、ここでもネアンデルタール人は現生人類にいかなる遺伝的寄与もしなかった、と指摘している。フェルトフォーファー洞窟標本と、ほぼ同じ結論に達したのである。

およそ半年後の00年10月、独マックスプランク進化人類学研究所に移っていたクリングスらのグループは、最終回答とも言うべき研究成果を発表した。対象になったのは、4万2000年前よりも古いクロアチアのヴィンディヤ洞窟のネアンデルタール人標本である。この研究になると、少ないながらも3例に達したネアンデルタール人間のミトコンドリアDNAにある変異の研究に重点が移されていて、もう分岐年代には言及されていない。ただ、描かれた系統樹によると、ネアンデルタール3例は、まとまって現生人類と別グループを形成していた。

これらの成果3つを揃えてみれば、この時点でも多地域進化説はもちろんトリンカウスらの混血説に対しても、否定的にならざるをえないことが分かる。アジアでのホモ・エレクトスのミトコンドリアDNAの分析例はないが、ヨーロッパでの成果はかなり具体的にネアンデルタール人と現生人類との関係を描き出したと言えるからだ。

7　クロマニヨン人化石からも例証される

その後も、ネアンデルタール人化石からの類例を求める努力が続けられ、今ではその例数は後述するように12例にも達している。21世紀に入ると、現生人類であるクロマニヨン人化石5標本からもミトコンドリアDNAが抽出され、ネアンデルタール人DNAと比較することも可能となった。04年3月のドイツのダヴィット・セーレらによる報告は、新たにヨーロッパ各地出土例で追加されたネアンデルタール人ミトコンドリアDNA計8例とも比較した研究で、セーレらは「早期現生人類にネアンデルタール人のミトコンドリアDNAが関与した証拠はない」というタイトル名で断定した。

セーレらの研究は、すでに前年に発表されていたイタリアのダヴィット・カラメッリらの成果を包括的に裏付けるものともなった。カラメッリらは、人骨から2万3000年前と2万4720年前と直接年代測定された南イタリアのパグリッチ洞窟出土の早期現生人類（クロマニヨン人）2個体からミトコンドリアDNAを抽出し、主成分分析という統計的処理を加えて、2個体のDNAが現代ヨーロッパ人群のものとぴたりと重なるのに、すでに発表されていたネアンデルタール人4個体DNA（フェルトホーファー1号、同2号、メツマイスカーヤ、ヴィンディヤ75号）とは遠く隔たっていることを示し（図19）、ネアンデルタール人が現代ヨーロッパ人の集団遺伝子構成に全く寄与していないらしいことを論証したのだ。

発表は、さらに続く。02年にフランス、ル・ロッシェル＝ドゥ＝ヴィルヌーヴ洞窟で発掘されたネアンデルタール人大腿骨からミトコンドリアDNA抽出に成功したことに言及した報告が、05年にもなされた。4万0700年前と年代測定されたこの標本も、現代人DNAの参照配列と異な

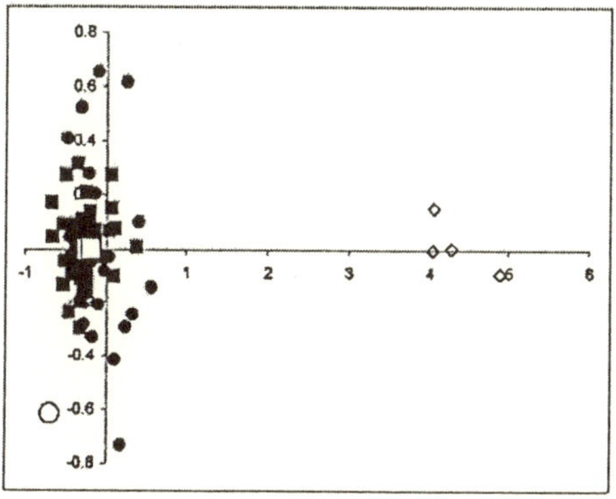

図19　ミトコンドリアDNAの主成分分析の結果。ネアンデルタール人4個体（◇、フェルトホーファー1号、同2号、メツマイスカーヤ、ヴィンディヤ75号）は、現代ヨーロッパ人(■)、現代非ヨーロッパ人(●)はもとより、化石現生人類であるクロマニヨン人(□)とオーストラリア現生人類化石（○、レイク・マンゴー標本）とも別グループになっている。
(Caramelli, D. *et al.*, 2003より)

り、早期現生人類とも異なることを追認するものであった。

8　ネアンデルタール核DNAゲノムの解読

ただし、これまでネアンデルタール人化石から抽出した塩基配列は、すべてミトコンドリアDNAのものだった。それも、かなり短い領域だった。この状況も、2006年についに打破されることになる。

この年、アメリカ、ドイツで、ネアンデルタール人化石の核DNAを抽出してゲノム解析に乗り出す大胆な計画が2カ年計画でスタート、その一部の成果が、同年11月、世界的権威のある英科学誌『ネイチャー』と米科学誌『サイエンス』に、2つのチームからそれぞれ中間報告されたのだ。それを見ると、10年前のペーボらのミトコンドリアDNA抽出成功の衝撃的成果は、今や遠い昔の「古典」となった観があり、この分野の発展の速さにあらためて驚かされる。ちなみに2つのチームの共同研究者の中に、ペーボはいずれにも名を連ねている。

2チームの成果の意義は、いくつかにまとめられるだろうが、①核DNAで長大なゲノムを解読した、②異なったチームによる異なった手法でほぼ同じ結果を得た、③ミトコンドリアDNAの成果を追認し、何ら矛盾のないことが判明した、ということになるだろう。

2チームが試料に用いたのは、クロアチアのヴィンディヤ洞窟G_3層で1980年に発掘されたヴィンディヤ80号で、AMSによる放射性炭素で3万8310年前と測定されていたものだ。この年代から試料になった個体は末期の古典的ネアンデルタール人であることがわかる。

2つのチームが核DNAでのネアンデルタール・ゲノム計画に着手したのは、ミトコンドリアDNAの保存性は優れているものの(だから最初に着手された)、トータルで1万6500塩基対ほどしかなく、限られた生物学的情報しか得られないからだ。対して核DNAは、現生人類で30億塩基対もある。近縁なネアンデルタール人も基本的には大差ない。核DNAにこそ、ほとんどの遺伝子が含まれているから、研究者としては次に当然狙うべきゴールとなる。ただし現生人類で成功しているのと異なり、30億塩基対のすべてが解読できるわけではない。いくら最高の保存状態であっても、化石化の過程で、ネアンデルタール人ゲノムはかなりが失われてしまっているからだ。

9　2つのチームが異なる手法で同一成果

その中で、ドイツ、マックスプランク進化人類学研究所のリヒャルト・グレーン、ヨハネス・クローゼらのチームは、アメリカのジェームズ・ヌーナン、エドワード・ルービンらのチームより1日だけ早く、同月16日号の『ネイチャー』誌で中間成果を発表した。その報告によると、ピロシークエンシングという大量増幅手法で、100万塩基対以上のネアンデルタール人ゲノム解読に成功した、というものだった。筆者は、この論文であらためて確認できたのだが、ネアンデルタール化石からミトコンドリアDNAの抽出例は、これまでに計12例に達していた。すべて挙げると、フェルトホーファー1号、同2号、メツマイスカーヤ、ヴィンディヤ75号、同77号、同80号（これは核DNAでも成功している）、アンジ２号（ベルギー）、ラ・シャペル＝オ＝サン、ル・ロッシェル・ドゥ・ヴィルヌーヴ（いずれもフランス）、スクラディィナ（ベルギー）、モンテ・ロッシニ（イタリア）、エル・シドロン441号（スペイン）である。東欧から西欧西端まで、幅広く包括している。

さて『ネイチャー』報告で、ドイツチームは、現生人類とネアンデルタール人のゲノムを比較し、ヒトとチンパンジーの分岐を650万年前と仮定すると、両者が別れたのは51万6000年前、95％の確率で46万5000年前〜56万9000年前に納まる、と発表した。これは、ペーボらの最初の推定値とほぼ合致する。あらためて古典的成果の正当性が、核DNAで確証されたのだ。

１日遅れのヌーナンらの『サイエンス』誌の発表も、②のように同様な成果を得た。ネアンデルタール男性個体の大腿骨を試料にしたと明記されたこちらの売りは、ドイツチームの手法よりも、効率的でコスト安という点にある。バクテリアの中で個々の核DNA断片を増殖させ、「メタゲノム・ライブラリー」を作成し、それによって６万5250塩基対を復元同定した。その結果、ネアンデルタール人と現生人類のゲノムは、少なくとも99.5％が同一であることが判明した。ここから、両者の共通祖先は約70万6000年前に生きていたと推定された。その後、ヨーロッパで遺伝的隔離されたことによって、約37万年前にネアンデルタール人の祖先が分岐したという。ドイツチームの推定値より若干若いが、年代幅を考慮すれば、ほぼ一致する。

最新の２つの核ゲノム解読結果を見れば、４万年前ころになってやっとヨーロッパに姿を現した現生人類とネアンデルタール人が遺伝的に交雑した可能性は極めて低いことが分かる。実際、ヌーナンらは、ネアンデルタール人が現生人類の遺伝子プールに関与したことを示す証拠はほとんどない、と明言している。これは、すでにミトコンドリアDNAでもセーレらから宣告されたことを、核DNAでも裏づけたものと言えるだろう。

10　スカベンジャー説の優位

系統論は、上記のようにほぼ決着したが、最近、特に21世紀に入って、彼らの認知能力、創造力について、現生人類より劣っていたとする従来説への批判が湧き出していることが注目される。それによると、少なくとも末期ネアンデルタール人は、象徴化を含む現生人類に近い認知能力を備えていたのではないか、というのだ。劣った人類とする従来説は、ネアンデルタール人を別種に位置付ける学説の定着とともに増幅されたが、彼らの位置付け自体は変わらなくとも、それへの反省の機運が起こっているのだ。

確かに彼らは、脳容量こそ現生人類の平均1350ccよりも一回り大きい平均1550ccも有していた。ただその大きさは、認知能力よりも、むしろ彼らが進化して、寒冷なヨーロッパの気候に適応し、頑丈な体格を維持するためのものであったと考えられ、言語能力にも疑問符がつけられている。そのため当然に、彼らの採っていた生業戦略も、現生人類よりも劣っていたという推定が導かれた。ここでは認知能力についての論議はひとまず置き、彼らの生業戦略についての新しい推定像の最近の変更を追ってみよう。

これまで最も影響力のあったのは、アメリカの著名な人類学者・考古学者であるルイス・ビンフォード（サザンメソジスト大学名誉教授）による説で、1990年代半ばころまでは少なくとも学界の主流をなしていたと言える。ビンフォードによれば、ネアンデルタール人は現生人類よりも生物学的に認知力が劣るために、高度な組織力を伴う大型獣狩猟を行えず、ツンドラ環境のヨーロッパで生きていくために、自然死したり他の肉食獣に仕留められたりした草食獣遺体の死肉漁りをしていたという。

この説に対しては、一部にもちろん異論が出され、例えばアメリカのメアリー・スティナーらは、イタリア西部のネアンデルタール人が利用した4洞窟から出土した獣骨を分析し、彼らはスカベンジャー（死肉漁り屋）であったかもしれないが、都合に応じて時には狩猟も行い、肉を得ていただろうと提唱した。ただその異論も、基本的には「ネアンデルタール人＝スカベンジャー」説の枠内でのものだったと言える。

11　精悍なハンターだった？

ネアンデルタール人の食性が肉食であったという推定は、古くから一般的だったし、今日も変更されているわけではない。彼らの遺跡から大量の獣骨片が出るうえに、彼らの生存環境が今日の極北に暮らすイヌイットとよく似た、植物の少ないツンドラ環境であったから、その推定も当然である。ちなみにイヌイットは、エネルギーの96％を肉に頼るという。

その肉を獲得していた方法をめぐって、認知能力に対する低評価をベースにスカベンジャー説が有力となっていたわけだが、95年、その論議に見直しを迫る発表が行われた。

ネアンデルタール人の化石には、骨に多くの外傷や病変の痕が見られることが早くから認識されていたが、米のエリック・トリンカウスらが、ネアンデルタール人標本に残された外傷痕を現代人の7つの標本群と比べ、その受傷パターンが、頭と首に集中するという点で米中西部で盛んなロデオ競技の騎手にそっくりであることを示したのだ。ここからトリンカウスらは、ネアンデルタール人は人に慣れていない危険な大型有蹄類に接近戦を挑む積極的な狩猟をして肉を得ていただろう、と推定した。

武器は、ムスチエ尖頭器を装着した槍であった。この説に従えば、ネアンデルタール人は愚鈍なスカベンジャーどころか、精悍なハンターだったということになる。失権後、ネアンデルタール人の能力を再評価する説が登場したのである。

この考えは、トリンカウスのグループによる、別のネアンデルタール人骨の直接分析で、ほとんど立証に近い形で裏付けられた。同グループのマイケル・リチャーズらは、東ヨーロッパ、クロアチアのヴィンディヤ洞窟 G_1 層で出土したネアンデルタール人化石207号と208号から抽出した骨コラーゲンの炭素と窒素の安定同位体分析を行い、彼らの高い肉食性を示したのだ。ちなみに両化石とも、骨からAMSで直接年代測定されたネアンデルタール化石としては最も新しく、ヴィンディヤ207号は2万9080年前、208号は2万8020年前の値を出した。

12　肉食獣と同じ生態的地位

骨は、言うまでもなく食物から摂取した元素で構成されている。人の骨の場合、生前の数年間に食べた食物構成を反映するが、食物の質によって、例えばその個体が陸上動物を主食にしていたのか、それとも海産物を多く摂っていたのか、穀類が主体だったのか、といった食性によって、炭素13に対する炭素12の安定同位体比率 δ_{13}C と窒素15に対する窒素14の安定同位体比率 δ^{15}N が、それぞれ微妙に異なってくることが分かっている。安定同位体分析の試料には、ヴィンディヤ・ネアンデルタール人と同じ層位から出たシカ科とホラアナグマの骨、別の層位のウシ科とホラアナグマ個体の骨が用いられ、さらに比較対象を広げるためにチェコの別遺跡の草食獣（シカ科とマンモスなど）と肉食獣（ホッキョクギツネ、オオカミ）の骨が加えられた。

その結果を、δ^{13}C を横軸に、δ^{15}N を縦軸にとったグラフに落とすと、

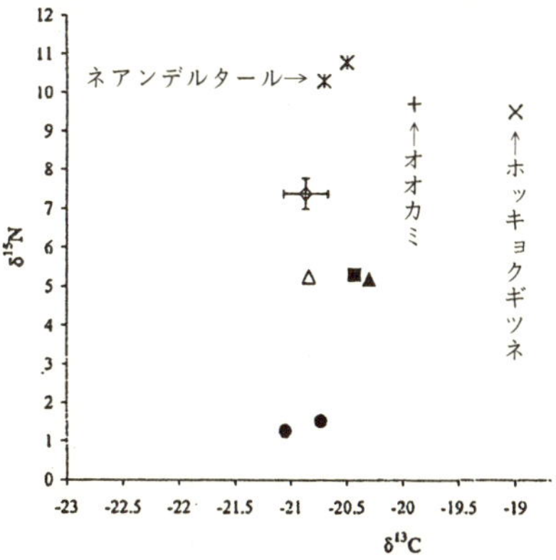

図20　化石骨資料を安定同位体分析し、その結果を δ^{13}C を横軸に、δ^{15}N を縦軸にとった図。ヴィンディヤ・ネアンデルタール2資料（*）は、肉食獣のオオカミ（+）、ホッキョクギツネ（×）の近くに分布し、肉食獣に類似した食生態であったことが分かった。グラフの中央以下が草食獣の値で、上からマンモス、その下の左から種不明の草食獣、ウシ科、シカ科、一番下がホラアナグマ。(Smith, F. H., Trinkaus, E. *et al.* 1999 を改変)

ヴィンディヤ・ネアンデルタール2資料は、草食獣とかけ離れ、肉食獣のオオカミ、ホッキョクギツネに近い位置になった（図20）。リチャーズらのこの分析は、実はすでに95年に他の研究グループによって発表されたフランス、マリヤック遺跡のネアンデルタール人骨（4万～4万5000年前)、99年発表のベルギー、スクラディナ洞窟のネアンデルタール人骨（8万～13万年前）の各安定同位体分析ともほぼ一致するものだった。先行発表でマリヤックのネアンデルタール人の安定同位体比率はオオカミの、スクラディナ洞窟のそれはホラアナライオンの骨のものに近い、とされていたのだ。

リチャーズらは、こうした結果から、10万年前後の年代差と東西ヨーロッパという分布域の違いを超えて、ヨーロッパ・ネアンデルタール人は、他の肉食獣と同じような食物生態系の頂点に君臨していた、と判断した。それだけでなく、骨に残された外傷痕の研究成果と、死肉漁りは得られる見返りに比べ時間ばかりかかる非効率な食物獲得策だとするアフリカのサバンナでの観察結果も踏まえ（例えば一般にスカベンジャーという悪イメージの強いハイエナにしても、食べる肉の3分の2は自分自身の狩りで獲得している)、ヨーロッパ・ネアンデルタール人は草食獣を積極的に狩猟して肉を得ていた、と推定したのである。

この推定像は、他の考古証拠からも補強されているように思える。シリアのウンム・エル・トレル遺跡から発掘されたノロバの化石が、第3頚椎にムスチエ尖頭器が突き刺さった状態で見つかったのだ。ヨーロッパのネアンデルタール人化石の出土する遺跡からムスチエ尖頭器が大量に見つかるので、この石器が大型草食獣狩猟に使われた確実な証拠となった。ただしムスチエ尖頭器の使用者はヨーロッパでは確かにネアンデルタール人だが、厳密に言えば中東でやや事情が異なり、早期現生人類もまたムスチエ尖頭器を使用していたので、ウンム・エル・トレルの石器使用者がネアンデルタール人であったかどうかは必ずしも確かではない。

13　鳥も狩猟していたことが判明

アクティブな狩猟者であるどころか、最近ではネアンデルタール人は空を飛ぶ鳥をも狩猟していたのではないか、という推定像すら提出されるにいたっている。ウクライナ、クリミア半島で発掘調査されたスタロセーレ、ブラン・カーヤIIIの2遺跡の研究成果に基づく。驚くべきことに、高倍率の光学顕微鏡で石器表面を検査した結果、一部の石器に鳥の羽毛の一部である小羽枝と哺乳類の毛が残留していたことが明らかになったのだ。また、例数は少ないが、一部の別の石器表面には植物の根茎由来と思われる澱粉粒と束晶も検出された。

スタロセーレは、ネアンデルタール人化石も出た8万～4万年前の中部旧石器遺跡で、ブラン・カーヤIIIは最下層C層の早期上部旧石器層が3万7000～3万2000年前と年代測定されている。ブラン・カーヤIIIからはヒト化石は出ていないが、出土するストレレツカーヤ文化早期の石器群がネアンデルタール化石を伴う西欧・中欧の早期上部旧石器文化のものと似ているために、製作者もネアンデルタール人だと推定された。ここから、新たなネアンデルタール像が浮かび上がった。

例えば報告者のハーディらは、前述したトリンカウスらによる、危険を伴う大型獣への接近戦仮説に理解を示しつつも、石器に柄を付けた痕と見られる木質残留物の存在と前述の鳥の小羽枝の残滓から、ネアンデルタール人は飛び道具（具体的には弓矢か）を使っていた可能性も指摘する。その可能性は、石器に残る細かい衝撃痕からも補強されるという。水鳥のものと見られる小羽枝の残滓は、羽を休めているところを忍び寄って仕留めた可能性は除けないものの、彼らが飛び道具を使い始めていたのではないかという推定を導くことになる。

これまでにも旧石器遺跡から鳥の骨は検出されることはあったが、だからと言って、これをもって鳥を狩猟していた証明にはならない。死んだ鳥を採集していただけだったかもしれないからだ。だが石器表面に残留する小羽枝の検出は初めてのことで、これにより彼らの食メニューに、多くはなかったろうが鳥の肉も入っていたことが明らかになった。スタロセーレの石器31点中２点、ブラン・カーヤIII石器19点中１点に、小羽枝が残っていた。

もう１つ注目されるのは、澱粉粒と束晶の確認された点だ。この２つの由来は、根または塊茎と見られる。前にも触れたが、ネアンデルタール人が肉食であったことは、安定同位体分析からも彼らの生存環境からも、確実である。しかしツンドラでも夏には植物食も得られることから、ハーディらは季節限定で植物採集もしただろうを指摘する。骨と異なり、植物遺存体は残りにくいために、そもそも旧石器人の植物食利用の証拠はほとんどなく、可能性の範囲に留まっていたが、この発見はその直接の証拠をもたらした。しかしハーディらも認めるように、それはあくまでも補助的な食物に留まっていただろう。

14 早くから疑われていたカニバリズム

ネアンデルタール人の生業活動について、このように見直さなければならないのは明らかだが、これと関連するかもしれないもう１つの彼らの生業活動の一側面に簡単に言及しておく。それは、肉食の対象動物に「彼ら自身」が含まれていたのかもしれないという問題、すなわちカニバリズム（人肉嗜食）行動である。

ネアンデルタール人に限らず、石器人や近代未開人のカニバリズムは、古くから研究者によって指摘されてきた。文明社会に暮らす我々にはおぞましい話だが、ただその多くは、死者への風習的な哀悼行動と考えられている。ネアンデルタール人についても、1899年から1906年にかけて現クロアチアのクラピナ岩陰から発掘されたネアンデルタール人化石群を基に、早くにカニバリズムが疑われた。発掘者のドラグティン・ゴルヤノヴィッチ＝クランベルガーは、４桁にも達するネアンデルタール人骨破片（10数個体〜28個体分）を手にして、完全さにほど遠い破片の多さと一部が火を受けているもののあることなどからカニバリズムを提唱した。この疑惑は、ネアンデルタール人の野獣的イメージをさらに増幅させることになったが、では実態はどうだったのだろうか。

研究が進み、カニバリズム疑惑、特に近代未開人の風習とされた例のほとんどは、植民者白人による偏見によるもので根拠なしとされるか、死者への哀悼行動とされている。しかし、明らかに食料の対象として食人をしたとされる例も出ている。

ネアンデルタール人以前の古人骨の例では、スペイン、グラン・ドリナの80万年前ころのTD6層から発掘されたヒト化石（ホモ・アンテセソールに分類され、ヨーロッパ最古の人類化石の１つ）が、世界最古のカニバリズム証拠とされる。ここから出土した少なくとも６個体分と見積もられる大量の人骨破片（52ページの図７参照）に、ヒトの食料になった獣骨破片に見られるものと全く同じ石器によるカットマークがついていたのだ。この傷は、石器によって肉が切り離され、削ぎ取られたことを物語っているし、四肢の長骨は、骨髄を取り出すために割られていた。そのうえに、これらの人骨は獣骨破片と区別されずに入り混じって出るという出土状況がある。したがって発掘者のベルムデス・デ・カストロらは、グラン・ドリナの80万年前のヒトの骨はカニバリズムの犠牲者だったろう、と提唱した。TD6人骨群が食人であることは、慎重な古人類学者で、カニバリズム研究の最高権威の１人、米のティム・D・ホワイトも確認した。

15　ムラ＝ゲルシ調査で実証される

先のクラピナ岩陰のネアンデルタール人についても、その蓋然性は極めて高いという見解が有力となっている。クラピナは、１世紀前に発掘されたために発掘記録が不十分で、保存処理剤が分厚く塗られるなど、骨の表面観察は困難を極めるが、ヴィンディヤ洞窟ネアンデルタール人とともにクラピナ人骨化石を検討した米のフレッド・スミスは、両人骨群に食人の痕があったという結論に達した。ホワイトもまた、骨の状況から食人説に同意する。

「ネアンデルタール＝食人者」説を決定的にしたのは、フランス東南部のムラ＝ゲルシ洞窟の成果だろう。91年からここで始められた発掘調査は、１世紀近く前の荒っぽいクラピナ発掘と異なり、緻密で進歩した調査技術が用いられ、記録も、骨片１つ、石屑１つまで、三次元的に精細に採られた。発掘を始めたアルバン・ドゥフルールは、10万年前ころの層から、石器、獣骨と混じり合って、ネアンデルタール人骨破片が出る状況に、まず注目した。そのうえ、それらの人骨片には、グラン・ドリナ同様に、獣骨上に見られるものと同じ石器のカットマークが付いていた。長骨を割られ、中から骨髄が取り去られていたことも、グラン・ドリナと同じだった。

そこでカニバリズムを推定したドゥフルールは、西南アメリカのアナサジ文化（紀元前後〜同14世紀）先史インディアンの人骨でカニバリズムの存在を実証した専門家のホワイトを、調査に招いた。その結果、骨の空間的分布やカットマークなどの詳細な分析から、ドゥフルールとホワイトらは、ムラ＝ゲルシのネアンデルタール化石もカニバリズムの犠牲者と結論づけたのである。犯罪捜査現場の実況検分をも上回る緻密調査から、この結論はまず疑いようがないものと広く信じられている。

このようにネアンデルタール人が食人を行っていたとしても、彼らの食事メニューに常に人肉が取り入れていたかどうかまでは分からない。特殊な状況下でなされた、例えば不猟による飢餓がもとでやむなくカニバリズムに走ったとも考えられるが、一時期は「花とともに埋葬された」と信じられた復元像とは、これはかなり隔たった生活誌である。

もう１つ、食人行動の結果か、個人間のいさかいの末にかは不明ながら、彼らの血なまぐさい一面も明らかになっている。79年にフランス、シャラントのサン＝セゼールで発掘されたネアンデルタール人（熱ルミネッセンス年代測定法で約３万6000年前）の頭蓋を精査した結果、頭頂部に斧のような石器で切りつけられて生じたと思われる傷跡が確認されたのだ。古病理学によるこの結果を報告したスイスのクリストファー・ツォリコーファーらは、被害者である若い成人のおそらく男性と見られるこの個体は、深手を受けた痕に広範囲に骨の再生が見られることから、受傷後も少なくとも何カ月かは生存していただろうという。ネアンデルタール人が石器で深手を負い、その後もしばらく生存した証拠は、５万年前ころのものと見られるイラク、シャニダール３号で初めて検出されて以来、これが2例目となる。ムラ＝ゲルシなどの例を考え合わせると、「復権」時代に描かれていたような「平和な原始人」とは異なる、彼らのある種の暴力的側面が浮かび上がってくるのだ。

16　年代的枠組みに深刻な疑問

最近になって、別の問題が生じていることを付言しておきたい。これまで依存していた年代的枠組みを見直さねばならないかもしれないのだ。この重要な問題提起が、06年早々に、イギリスのポール・メラーズからなされた。

この論旨は、大きく2点に分けられる。これまで積み上げられたAMS年代測定値は、実年代（暦年代ともいう）と異なっていて、実際はより古いとする年代再評価による提言で、ここから早期現生人類のヨーロッパ拡散は、従来観よりもさらに古く、よりスピーディーだったとする。となると、先住ネアンデルタール人との相互作用も、これまで考えていたものから修正される必要が出てくる。実はメラーズ論文は、こちらの方に力点がかかり、大きなスペースをとっているが、測定年代を実年代に較正するのに用いた曲線NotCal 04についてはまだ広い合意を得ていないという指摘があるので、この点については、これ以上触れないことにする。ちなみにAMSによる放射性炭素年代法は、1980年ころから開発されてきた測定法で、それまで一般的だったベータ線計測法に比べて試料量が1000分の1ですむ（したがって貴重な人骨試料も直接年代測定できる。ベータ線計測法で数十g必要だから、希少な人骨では許れず、同じ層位の木炭などを試料にして人骨年代としていた）など様々な点で優れているとして、今や放射性炭素年代測定法のスタンダードになっている。

第2も、既報告のAMSによる放射性炭素年代の直接の測定値がもっと古くなるとする主張で、実例がまだ少ないので大きなスペースを割いてはいないが、実はこちらの方が旧石器考古学とネアンデルタール人問題にとっては、はるかに深刻な問題提起だと思われる。AMSの普及で、骨を直接年代測定できるようになり、これほど確実な測定法はなくなったと考えられたが、メラーズによると、これまでの夥しい例数にのぼる測定値は、実は地下水に含まれる新しい炭素によって汚染されているのではないか、したがって若く出過ぎているのではないかというのだ。信頼性の高いAMSが、実は汚染されていた試料を測っていたとすれば、これまで積み上げてきた測定値で構築されてきた枠組みが、大きく揺らいでしまう。メラーズも指摘するように、例えば4万年前と測定された試料にたった1％でも現代の炭素が紛れ込んでいるだけで、7000年も新しく出てしまうというのだ。とすれば、測定値は実際よりも若く出ていることになる。

17　新しい炭素で汚染されていた骨試料

それを疑われる実例として、メラーズは、ドイツ、ゼッセルフェルスグロッテ洞窟の洞窟内と洞窟外とから発掘された4万年前級の動物骨試料のAMS測定値を挙げる。下層の11層から上の1層（1層は洞窟内試料なし）にかけて、どの層位でも5000～1万2000年も洞窟内試料の方が古く出ているのだ。洞窟外の試料には、フミン酸を含む新しい有機物を含む地下水が浸透した効果によるものだろうという。

骨試料が埋没中に地下水で汚染されているらしいことから、オックスフォード大が開発した、新しい炭素を遠心分離器で取り除き骨コラーゲンを純化する「ウルトラフィルトレーション」技術を用いて、以前に2万年前を越えると測定されていた英国内の骨試料を再測定したところ、はたしていずれもオリジナルの値より2000～7000年も古く出た。例えば、サマーセット州のアップヒル鉱山出土の後期オーリニャック骨製尖頭器は、２万8080年前から３万1730年前へ、またデボン州のケント大洞窟出土のサイの骨は３万0220年前から３万7200年前へと、それぞれ古く改訂されたのだ。ちなみにこの年代値は、非較正値である。

ネアンデルタール人試料にも、問題は波及している。メラーズ論文の発表の直前に、同じオックスフォード大学の放射性炭素加速器施設のトム・ハイアムらが、クロアチア、ヴィンディヤ洞窟 G_1 層の上部旧石器文化を伴う最も新しいネアンデルタール標本207号と208号（前述したようにAMSによる直接年代測定で、それぞれ約２万9000年前、約２万8000年前）を、ウルトラフィルトレーション技術を用いて同施設で再測定したところ、２標本の年代は想定どおり約３万3000～３万2000年前かそれ以前となったという。下限の年代を採用しても、まだペステラ・ク・オース現生人類よりも新しいが、ひょっとするとネアンデルタール人と現生人類の共存期間は、考古学的資料から推定される従来説の１万年間以上よりもはるかに短く、したがってネアンデルタール人は現生人類との接触後、急速に絶滅してしまったということになるのかもしれない。それは、最後のネアンデルタール人が残した骨器を含む石器文化のシャテルペロン文化など、早期上部旧石器文化の成立事情にもかかわってくるだろう。

そして、既に述べたような高度な狩猟をネアンデルタール人が行っていたとすれば、ある程度の認知能力があったのではないか、という推定が導かれる。ネアンデルタール人と現生人類のコンタクトの問題を含め、彼らの象徴化能力について、章を改めて考えることにする。

表２　主なネアンデルタール人化石と関連遺跡のＡＭＳ年代（非較正）

フェルトホーファー１号	39,900年前±620年
フェルトホーファーＮＮ１	39,240年前±670年
フェルトホーファーＮＮ４	40,360年前±760年
ペステラ・ク・オース	35,200年前より古い
	34,290年前＋970年，－870年
ル・ロッシェル＝ドゥ＝ヴィルヌーヴ	40,700年前±900年
ヴィンディヤ80号	38,310年前±2,130年
ヴィンディヤ207号*	29,080年前±400年
ヴィンディヤ208号*	28,020年前±360年
ヴィンディヤ207号**	29,100年前±360年
	32,400年前±1,800年
ヴィンディヤ208号**	29,200年前±360年
	32,400年前±860年
	31,390年前±200年
ブラン・カーヤⅢＣ層	32,200年前±650年
	36,700年前±1,500年
アップヒル鉱山	31,730年前±250年
ケント大洞窟	37,200年前±550年

注：網かけはネアンデルタールの、白地は現生人類の値。ヴィンディヤの＊は1999年発表の値、＊＊は2006年の新測定値。報告者らは、33,000～32,000年前を適正値としている。

第6章　自立的な発展だったのか？末期ネアンデルタール人の選んだ途

氷河期のヨーロッパと中東に生きたネアンデルタール人は、どんなに遅く見ても２万5000年前ころまでには絶滅するが、その原因として、その１万年以上前にヨーロッパ西端にまで分布を果たした現生人類との生存競争に敗れたという説が一般的だ。ネアンデルタール人骨を伴う最も新しい年代値である２万7000年前は、ヨーロッパの袋小路に当たるイベリア半島南端のスペイン、サファーラヤ洞窟例のものだが、いかにも現生人類より劣った先住民の追い詰められた最期を連想させる（ただし前章でも触れたが、この年代はもう少し古い方向に改訂される可能性が高い）。

しかし前章で見たように、彼らが勇猛で巧みなハンターだったとしたら、彼らは本当に劣っていたと言い切れるのか――最近、考古学・古人類学界内の一部に、このような反問が挙がってきている。そうした反問を、主唱者であるCNRS（フランス国立科学研究センター）のフランチェスコ・デリコらの主張を初めに見ながら、以下に整理し、検討してみたい。

1　発端はシャテルペロン文化の性格めぐる論議

デリコは、発見以来、何度もなされてきたネアンデルタール人再評価論の21世紀版とも言うべき見直し派の急先鋒の１人だ。ポルトガル、リスボン大学の考古学者ホアン・チルハン（現在は英ブリストル大学）らとともに、20世紀末の1998年、自らを筆頭者に置いた長大な論文「西欧でネアンデルタール人は文化変容したのか？」を「カレント・アンスロポロジー」誌に発表、フランスなどでネアンデルタール人が自分たちの固有文化であるムスチエ文化から、進歩した石器製作技術である石刃技法をはじめ、個人用装身具、本格的骨器を含む独自の上部旧石器文化を、現生人類とは独立に自立的に発展させた、と説いた。

デリコらによるこの論文の発表は、考古学界・古人類学界に大きな反響を呼んだ。進歩した骨器や個人用装身具が、早期上部旧石器群を伴い、唯一ここだけで大量に発掘された、アルシ＝シュル＝キュールのトナカイ洞窟（フランス中部ヨンヌ県オセールの南東35㎞にある）の発掘成果を徹底的に分析し、東欧圏の類似文化をも考察したうえで、従来説に根本的批判を加えたからである。例えば英の考古学者、科学ライターのポール・バーンも、デリコらによる同論文が発表されると、さっそく好意的な批評を英科学誌『ネイチャー』に寄稿した。

デリコらが標的にした従来説は、研究者によって多少の異同はあるものの、後述するように「ネアンデルタール人＝生物学的に劣った人類」観に基づくものだった。こうした見方に大筋で共通するのは、後期ネアンデルタール人と現生人類がヨーロッパで初めて出会った時、両者の側、特に現生人類の側に強く象徴を用いる必要性が生じ、そこで例えば進歩した個人用装身具が出現した、とする思考である。

装身具は、身に着ける者に自分は他者とは異なることを明示し、あるいは特定の集団内の一員だというアイデンティティーを示すものと考えられ、したがって高度な象徴化・認知能力の存在を物語る証拠となる。その出現は、互いの側にそれぞれのアイデンティティーを確立する必要があったからだろうというわけだ。ただしネアンデルタール人の側の意義は、あまり重視されなかった。せいぜいが現生人類のものを模倣したという程度の評価だった。潜在能力に優れた現生人類の場合、さらに進んで、小像という動産芸術(持ち運び可能な彫刻像で、いわゆる「ヴィーナス」も含む)と洞窟壁画をも発展させた、と考えられた。

ただ状況は、その後の発見でいくぶんか修正される必要が生じた。デリコらの論文の発表後、第4章で述べたように、南アフリカのブロンボス洞窟でそれよりはるかに古い象徴形態である線刻付きオーカーと貝製ビーズが発見され、個人用装身具類と芸術は、ヨーロッパでの両者の接触よりずっと以前にアフリカで創造されていたことが明らかとなったからだ。ただ、このとおりだったとしても、ネアンデルタール人の側には、依然、接触による影響の大きかった可能性は残る。この考えに説得力があるのは、年代的に現生人類のヨーロッパ進出後にネアンデルタール人の装身具が出現したように、依然として見えるからだ。

なぜデリコらは、ネアンデルタール人による上部旧石器的文化の独立発展説を主張するにいたったのか。そのことを知るには、デリコらが詳細に分析したトナカイ洞窟にも見られるシャテルペロン文化というヨーロッパ最古の上部旧石器文化の担い手をめぐる論争をまず把握しておく必要がある。この「シャテルペロン文化論争」こそ、ネアンデルタール人の認知能力に深く関わってくる問題だからだ。ちなみにシャテルペロン文化とは、西南フランスとスペイン北部にかけてのごく狭い地域に分布するローカルな早期上部石器文化で、一般に堆積層も薄く、遺跡数も100カ所余りしか把握されていない(149ページの図23参照)。年代は3万5000年前前後、継続期間は3000年間ほどと、旧石器文化としてはごく短い。華やかな洞窟壁画などを開花させた上部旧石器文化の中では、分布域も狭く、継続期間も短く、地味で、唯一、「最古の」という特徴だけが売り物の、ほとんど目立たない存在と言える。デリコの主張を見ていく前に、まずこのシャテルペロン文化とその製作者の関係について、述べていくことにする。

2 先進的なシャテルペロン文化の製作者は

上記のように、さして重要そうにも思えないシャテルペロン文化が注目されるのは、①ネアンデルタール人の製作であることが明白なムスチエ文化（ムステリアン＝中部旧石器文化）に後続し（ただしイベリア半島南端では、年代的にシャテルペロン文化の後もなおムスチエ文化が継続する)、②洗練された石刃技法が初めて出現したほか、③溝切り技法による本格的骨器が作られ始め、④しかも個人用装身具がこれまたここで初めて現れたから、だ。なお石刃技法とは、長さが幅の倍以上ある「石刃」と呼ばれる剥片をプリズム形石核から連続的に剥ぎ取っていく剥片製作法で、石器原材の効率的な利用法とそれから製作される石器器種の多様性から、旧石器文化に起こった一大技術革新と位置付けられる。溝切り技法による骨器製作も、骨という素材を精妙に利用して、定形的な尖頭器を製作できる、同様の革新的な行動だ。装身具は、優れた象徴化・認知能力の存在を裏付ける。

このような事実から、シャテルペロン文化は西欧上部旧石器文化最古のものとされ、その先進性からもクロマニヨン人（現生人類）が作ったものと、長い間、考えられていた。シャテルペロン文化の石器構成に見られる、例えば掻器（スクレイパー)、ムスチエ尖頭器などは、先行するムスチエ文化の遺残と見なされた。ちなみにこの当時、西欧クロマニヨン人は、ネアンデルタール人から進化したと考えられ、今日では定説となった、アフリカ起源で、中東を経由して西欧に進出してきた「異邦人」であったとはまだ推定すらされていなかった。

この常識が初めて揺らいだのは、第5章でも少し触れたサン＝セゼール洞窟の発見だった。79年にフランス、シャラント県の同洞窟で、若い成人男性と思われるネアンデルタール人化石が偶然に発見され、後に3

万6000年前ころと年代測定された。年代という意味では、ごくありふれた発見だったが、重要課題として議論されるになったのは、これまでネアンデルタール人化石にはムスチエ石器群が伴ってきたのに、このサン＝セゼール・ネアンデルタール人にはシャテルペロン文化が共伴していた事実だ。管理された科学的発掘が行われたので、両者の共伴には疑う余地はなかった。またサン＝セゼールの年代は、上部旧石器文化では最も古い部類に入るが、ネアンデルタール人としてはごく新しい領域に含まれる。したがってシャテルペロン文化は、実は最後のネアンデルタール人の残したものではなかったのかという結論が導かれる。

この事実は、旧石器考古学にとって想定外であったために大きな論議を呼んだが、実は先行例がなかったわけではない。先述したアルシ＝シュル＝キュールのトナカイ洞窟のシャテルペロン文化層から、非クロマニヨン的な、したがってネアンデルタール的とも言える特徴を示す歯が発見されていたのだ。トナカイ洞窟は、1949〜63年にフランスの偉大な先史学者アンドレ・ルロワ＝グーランによって発掘調査された洞窟で、サン＝セゼールは、その結果を補強するものであった。ただしこの結果は、歯という断片的証拠であったためか、発掘者のルロワ＝グーランもさほど追究することはなく、いわば忘れられていた発見となっていた。この状況に、サン＝セゼールの発見は、初めてネアンデルタール人の頭蓋化石の共伴という有無を言わせない形で、風穴を開けたのである。

3　トナカイ洞窟にもネアンデルタール人化石

そして96年に、サン＝セゼールの補強証拠となる強力な類例が、フランスのジャン＝ジャック・ユブランらによって追加される。これにより、シャテルペロン文化が、絶滅間際の最後のネアンデルタール人の残したものだったことが揺るぎないものとなった。その証拠こそ、ルロワ＝グーランの発掘したトナカイ洞窟の出土例だったのである。ちなみにトナカイ洞窟は、シャテルペロン文化分布圏の北辺に位置する。

ユブランらが注目したのは、トナカイ洞窟 Xb 層（シャテルペロン文化層）で発見されながら、未記載だった1歳くらいの幼児個体の側頭骨破片だった。成人としての特徴の見出しにくい幼児骨の破片だったが、内耳骨迷路の形態は個体の生誕以前からすでに成人としての特徴を備えることが明らかになっていた。そこでこの側頭骨は、この研究のエキスパートである英の解剖学者フレッド・スプアに委ねられた。

スプアが高解像度の CT 画像を基に分析した結果、骨迷路の形態から、幼児骨はネアンデルタール人のものと判定された。この研究で、スプアは同時に、ラ・シャペル＝オ＝サン標本など典型的なネアンデルタール人化石の骨迷路も調べ、トナカイ洞窟例がこれらと極めて類似する一方、ホモ・サピエンス（現生人類）とも、ネアンデルタール人よりはるかに古いホモ・エレクトスとも、いずれよりも遠く隔たっていることを示した。しかもその形態の違いは、すでに生長の早い段階で（生誕以前にも）現れることから、ネアンデルタール人はホモ・サピエンスと種のレベルで異なるともあらためて結論付けた。ちなみに Xb 層は、3万3820年前（非較正値、±の誤差範囲は省略）の放射性炭素年代値が与えられている。ネアンデルタール人は幼児でも特有な骨迷路を発達させていることは、日本・シリア調査隊がシリア、デデリエ洞窟で発掘した2歳の幼児骨であるデデリエ1号でも、再確認されている。

トナカイ洞窟が旧石器研究で重視されるのは、そこに中部旧石器文化であるムスチエ文化から上部旧石器文化中期にいたる多数の石器文化が層を成して存在しているからだ。その中には、クロマニヨン人の残したことが明らかなオーリニャック文化も挟まっている。しかも個人用装身具も、骨器も出土しているほか、前述のように断片的だがヒトの化石、

表3　トナカイ洞窟の層位

文化層	文化名	時期・類型	ヒト資料
第Ⅳ層	グラヴェット文化	（上部旧石器時代中期）	
第Ⅴ層	グラヴェット文化	（上部旧石器時代中期）	
第Ⅵ層	グラヴェット文化	（上部旧石器時代中期）	
第Ⅶ層	オーリニャック文化	（上部旧石器時代早期）	歯
第Ⅷ層	シャテルペロン文化	（上部旧石器時代早期）	歯
第Ⅸ層	シャテルペロン文化	（上部旧石器時代早期）	歯
第Ⅹa層	シャテルペロン文化	（上部旧石器時代早期）	
第Ⅹb層	シャテルペロン文化	（上部旧石器時代早期）	歯、側頭骨
第Ⅺ層	ムスチエ文化	（鋸歯縁型）	歯
第Ⅻ層	ムスチエ文化	（鋸歯縁型）	
第XⅢ層	ムスチエ文化	（鋸歯縁型）	
第XⅣ層	ムスチエ文化	（典型型）	

（d'Errico *et. al.* 1998より）

歯も共伴している。ヨーロッパでのネアンデルタール人とクロマニヨン人、中部旧石器文化と上部旧石器早期のシャテルペロン、オーリニャック各文化との関係を知るのに、これほど重要な遺跡はない。

地質学の地層累重の原則から、攪乱がない場合、当然に堆積層は下層から上に行くほど新しくなる。本章の論議に重要だから、デリコの論文に従い、下層から上層への遷移状況を表に要約しておく（表3）。

4　シャテルペロン文化層から36点もの装身具

ここで注目されるのは、最下層のムスチエ文化層の上にシャテルペロン文化層が乗り、さらにその上にオーリニャック文化層がくることだ。したがって層位的に見れば、シャテルペロン文化の方が、オーリニャック文化よりも古いことになる。今日の視点から見ても、洞窟居住者が、ムスチエ文化のネアンデルタール人、そして上部旧石器文化を伴った最後のネアンデルタール人、さらに東方から西進してきたオーリニャック文化を携えた現生人類、と移り変わってきた前後関係がよく見て取れる。

図21　ユブランらが、トナカイ洞窟シャテルペロン文化層人骨はネアンデルタール人であることを発表した『ネイチャー』誌表紙。同文化の装身具が取り上げられた。

もう１つ、かつては現生人類の特徴と考えられた個人用装身具が、下層のシャテルペロン文化層（Ⅹ層～Ⅷ層）から36点も出土していることだ。シャテルペロン文化層で、後述する骨器も含め、これだけ多くの数を出した遺跡は、他には例がない。トナカイ洞窟が重要視される所以だ（図21）。

装身具は、オオカミ、クマ、ハイエナなど肉食獣やトナカイ、アカシカ、ウマ、ウシ科動物などの草食獣の犬歯や切歯を穿孔したり溝を付けたりして製作されている。また象牙を加工して、ビーズに仕上げた例もある。前述のようにこれら装身具は、個人とそれが属する集団のアイデンティティーを示すものと考えられ、したがって高度な象徴化・認知能力の存在を物語る証拠となる。事実、後期ネアンデルタール人の所産であることが明らかなトナカイ洞窟などの一部を例外に、ネアンデルタール人、そしてホモ・サピエンスを除くそれ以前の人類に明確な個人用装身具が伴う例は存在しない。ただ、トナカイ洞窟で見れば、後期ネアンデルタール人が個人用装身具を用いたことは疑いないように思える。

だがここで問題を複雑にするのは、その上のオーリニャック文化層からも同様な装身具が5点出土している事実だ。ちなみに他遺跡のオーリニャック文化層から、こうした装身具が伴う例は、周知の事実であった。そしてオーリニャック装身具例もシャテルペロン例は、形態も製作技術もほとんど変わるところがない。

シャテルペロン文化のもう1つの重要な構成要素である骨器（象牙と角の製品も含む）も、X層からⅧ層に142点の出土を見る。そしてその上のⅦ層オーリニャック文化層からも、やはり68点が出ている。

ここに、シャテルペロン文化とオーリニャック文化の関係、そしてシャテルペロン文化を備えた後期ネアンデルタール人がどのようにして高度な文化要素（石刃技法、装身具、骨器）を獲得したのかをめぐって論争が起こった。それは、ネアンデルタール人が現生人類に近い認知能力を持つのか否か、アフリカ起源の現生人類が西欧に進出した時のネアンデルタール人との遭遇と両者の関係にも関わる問題でもある。

5　装身具は上位のオーリニャック層からの嵌入なのか？

ネアンデルタール人とシャテルペロン文化の、特に装身具と骨器との関わりについては、いくつかの解釈が可能だろう。デリコらは、上記論文でそれらを概略以下のように要約する。①ネアンデルタール人が隣接する現生人類のオーリニャック文化を模倣した、②ネアンデルタール人は現生人類が廃棄したこれらの遺物を拾い集めた、③ネアンデルタール人は現生人類から交易などで入手した、④現生人類とは独立にネアンデルタール人が自発的に発展させた、⑤もっと単純にシャテルペロン文化の進歩的要素は上層のオーリニャック文化層から嵌入したもの、などだ。

前章末で英考古学者ポール・メラーズが、中東からやってきた現生人類の西欧への分布は従来観よりもっと早く、それに伴ってネアンデルタール人の絶滅ももっと早かったのではないかと提唱する見解を紹介したが、それをひとまず脇へ置いて、なお有力な、両者が少なくとも西欧で1万年間は共存したとの考えに立てば、①、②、③の考え方も十分に成り立つ。旧石器芸術の専門家であるアメリカの考古学者ランドール・ホワイトは、①、②の可能性を一貫して唱えてきたことで著名だ。いやむしろトナカイ洞窟の装身具類は、オーリニャック文化層からの嵌入物とさえ、01年発表の論文で推定する。

同論文でホワイトは、トナカイ洞窟のシャテルペロン文化層に装身具が伴うこと自体に、懐疑の念を隠さない。そもそも洞窟の堆積層は、攪乱され入り組んでいるので、現在の基準よりも精度の劣るかつての発掘管理に疑念を抱いているのだ。その疑念の傍証としてホワイトは、シャテルペロン文化の装身具の出土例は限定的で、これまでに西南フランスのカンセイ洞窟でしか、それも穿孔された獣歯4点しか見つかっていない事実を挙げる。

さらにホワイトは、トナカイ洞窟の装身具を吟味し、シャテルペロン文化層の装身具の素材と製作技術が上層第Ⅶ層のオーリニャック文化層のものと区別ができないことも指摘している。また第X層の象牙製装身具が、ベルギーのスピー、トル＝マグリト両洞窟のオーリニャック文化層出土のものとよく似ているが、後者で最近なされた発掘で、シャテルペロン文化層が検出されなかった点も、ホワイトは重視する。こうした点などからホワイトは、シャテルペロン文化の装身具なるものは実は上層のオーリニャック文化層から紛れ込んできたものと疑うわけだ。ルロワ＝グーランの調査した当時の発掘技術では、嵌入を識別できなかったのだともいう。

確かに、図と写真を見た限りは、ホワイトの指摘するとおりの気がする。形ばかりか製作技術もこれほど酷似したものなら、上からの嵌入と考えた方が自然かもしれない。ある事柄を説明する場合、最も仮定の少ない単純な説明を採用すべしという「オッカムのかみそり」の原則からも、それは言える。ただ付言しておけば、別の著書『先史時代の芸術：人類の象徴作品の旅（*Prehistoric Art: The Symbolic Journey of Humankind*）』（2003年）でホワイトは、ネアンデルタール人自体が装身具を作った可能性そのものまでは否定していない。

6　ユブランらの文化変容説とデリコらの反論

単純明快なホワイト説を採用すれば論議はここで終わるが、装身具だけならまだしも、シャテルペロン文化に、骨器、上部旧石器的な石刃技法も含まれることまで、この説では説明し切れていないうらみがある。

そうしたことから、ユブランらのような第3の見解、すなわちシャテルペロン文化のネアンデルタール人はこれらを現生人類から模倣したのではなく、交易で手に入れ、その接触の過程で文化変容（accultuation）を起こしたのだとする考えが生まれた。異文化との接触で、在来の文化が進歩的内容を備えた侵入文化に同化していくことは、大航海時代以降もしばしば見られたことだから、当然あり得る話だ。もちろんユブランらの説の前提には、ネアンデルタール人が現生人類と同程度の認知能力、象徴化能力を備えていたという認識があるし、両者の間にある程度のコミュニケーションが行われたという推定がある。

しかし冒頭で述べたデリコ、それにチルハンらは、ユブランらも批判し、さらに積極的にネアンデルタール人の再々評価の姿勢を鮮明にしている。もちろん主要な批判対象は、ホワイト説ではあったが。

ではデリコらは、何を根拠にしているのか。「カレント・アンスロポロジー」誌に発表した前記論文でデリコらは、シャテルペロン文化層最上部の第Ⅷ層とオーリニャック文化層の第Ⅶ層とは土層の色合いが異なること（第Ⅷ層が黄色っぽいのに対し、第Ⅶ層がすみれ色に近いとしたルロワ＝グーランの観察結果）を指摘し、また第Ⅷ層の途中に無遺物層の形成の見られることからも、第Ⅶ層のオーリニャック層との間には撹乱のあった証拠はない、と断定した。

堆積層中の遺物が、小動物の作用などで下に動くことはあり得る。事実、さらに下層のXI層（ムスチエ文化層）に僅かながらも骨錐などのシャテルペロン文化的な要素が見られることから、ルロワ＝グーランは直上のXb層とその下のXI層との間に多少の撹乱のあった可能性を認めていた。しかしデリコらは、シャテルペロン層の骨器と装身具が上のオーリニャック層(第Ⅶ層)からの嵌入とする可能性を、次の事実を根拠に明快に否定する。

7　骨器や装身具の出土状況で論証

まず、Ⅶ層に2点見られるオーリニャック文化に特徴的な基部の割れた骨製尖頭器が、シャテルペロン層のどこからも出土していないことだ。次に、骨器や装身具が上のⅦ層から紛れ込んだとすれば、すぐ下のⅧ層、その下のIX層、さらにその下層のX層へ行くにしたがって出土点数の減る傾向が認められるはずなのに、実際はその逆であることを指摘する。

例えば装身具の出土点数は、第Ⅶ層が僅か5点なのに対し、第X層はその5倍の24点にも達し、中間のIX層は3点、Ⅷ層9点を引き離している。骨器（マンモスの牙製品、角器も含む）の層位別の出方もまた、同じ傾向を示す。上のⅦ層68点に対し、直下のⅧ層は6点と急減し、その下のIX層になって21点と増加に転じ、さらに下のX層では合計115点にも達している。確かにこの事実は、ホワイトの説く嵌入説に対して有力な反証となり得る。

さらにデリコらは、骨器と装身具の空間的分布状況も反証例の1つに挙げる。トナカイ洞窟のシャテルペロン文化層で以前から注目されていた遺構として、ルロワ＝グーランが小屋跡と見た半円形に石を積んだ痕跡が2カ所ある。その2カ所の配石遺構には、大きなマンモス牙も残っていて、ルロワ＝グーランは小屋の柱と考えた。この半円形の石の連なりの内部に、炉の跡と燃料にしたと考えられる焼けた骨があることから、小屋跡説は有力な仮説と考えられるが、骨器と装身具は最も濃密に、その半円形内に分布するのである。あと1カ所、小屋跡にしては小さい半円形の石の連なりの内側にも、集中する（図22)。オーリニャック層からの混入とすると、その分布も偶然と考えるしかないが、そういうことがありえるものなのかどうか。相当に考えにくい分布状況、と言えるだろう。

デリコは、もう少し後の03年に、南ア、ブロンボス洞窟の発掘者のクリストファー・ヘンシルウッドらと連名で発表した論文（以下、「03年論文」と略）で、もう1度、骨製錐という視点の異なる資料を用いて、嵌入説に再反論を行っている。骨製錐が、もし上層のオーリニャック層（VII層）からの紛れ込んできたものとすれば、直下のシャテルペロン層であるVIII層が最も数が多くなるはずという同じ論旨である。98年論文で骨器で示したように、03年論文でも、骨製錐でもそうはならず、ずっと下のシャテルペロン最下層であるX層で最も多い35点の出土となり、オーリニャック層9点の約4倍になっていることを指摘した。分布状況も、シャテルペロン全層の骨製錐は、前述の小屋跡と考えられる2カ所に集中する一方、オーリニャック層の9点はむしろその外側の南東側に散漫に分布している事実を、図を使って明示する。さらに、同一遺跡で両文化層の重複する所では、どこでもシャテルペロン文化層がオーリニャック文化層の下層に来るとする指摘も、忘れない。ただこの点は、後述する反論で、やや旗色は悪くなった。

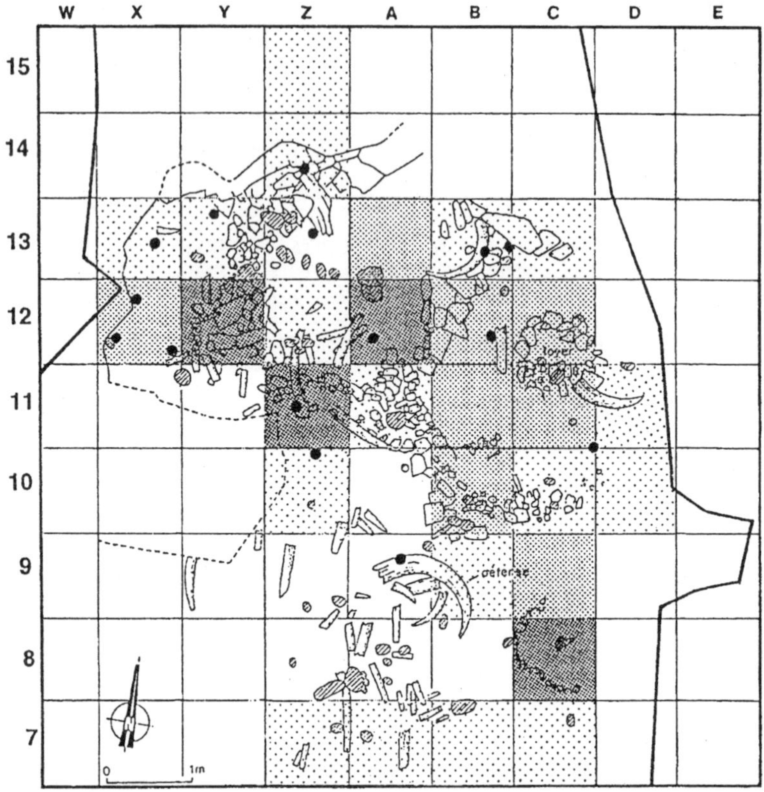

図22　トナカイ洞窟第IX層と第X層（シャテルペロン文化層）の骨製品と象牙製品の分布密度。網点の濃いほど密度が高いことを示す。洞窟北側2カ所と南側1カ所に集中することが分かる。
(d'Errico, F. *et al.* 1998. より)

8　未製品などの存在の説明は

さらにいっそう重要なのは、シャテルペロン文化層に装身具の出来損ない・副産物や加工途中の未製品が見られることだ。これこそ、嵌入説を否定すると同時に、ユブランらの交易による入手説、採集説をも打ち消す事実となる。

例えば哺乳動物の長骨破片の1つには、石器で溝を切られ割り取られようとしていた跡を残したものがある。典型的な溝切り技法による製作途上のものだ。鋸状の石器（鋸歯縁石器か）で切断された鳥の骨3点もある。さらに不完全な作りの象牙製リング2点は、ルロワ＝グーランらにより壊れたペンダントと解釈されたが、デリコらは装身具製作中に出来た副産物と見なした。こうした事実からデリコらは、トナカイ洞窟のシャテルペロン文化層で装身具と骨器が存在することの最も「オッカムのかみそり」的な説明こそ、ここでネアンデルタール人がこれらを製作していたということだ、と言い切るのである。

さらにデリコらは、次の問題点を提起する。ネアンデルタール人が骨器と石器製作技術を現生人類から模倣した、すなわち学んだとすると、オーリニャック文化と同一となるはずであって、先行ネアンデルタール人のテクノロジーとは著しい不一致が生じるはずだし、シャテルペロン文化が現生人類との接触の結果だとすれば、当然にオーリニャック文化よりも早くは現れえないはずだ――。しかし、考古記録ではそうなっていない、という。シャテルペロン文化とオーリニャック文化とは、類似性よりもむしろ違いの方が目立つとし、例えば後者の骨器の主要素材となるトナカイの角は、シャテルペロン文化では全く使われていない、と指摘する。また石器テクノロジーを検討したうえで、かつて考えられていたように、シャテルペロン文化の石刃技法はムスチエ文化の1類型（「アシュール伝統を引くムスチエ文化」）から発展したもので、無理のない移行、と再確認する。そのうえ、トナカイ洞窟の層位は、前述したように「ムスチエ→シャテルペロン→オーリニャック」と連なる。

以上のような批判・反論を列挙してデリコらは、ムスチエ文化の後期ネアンデルタール人は、オーリニャック文化とは独立に、オリジナルな上部旧石器文化、すなわちシャテルペロン文化を発展させた、と説くのである。

9　イタリアとハンガリーに類例

こうした論証に加え、デリコらは、シャテルペロン的な文化を後期ネアンデルタール人が独立発展させた他の類例も、証拠として挙げる。例えば、地中海・アドリア海両岸を含むイタリア半島のほぼ全域に分布するウルツォ文化がその例だという。

例えば、南イタリアのカヴァロ洞窟ウルツォ文化層から、精緻な剥離の施された木の葉状尖頭器、穿孔された貝などが見つかっている。ただこの文化で石器製作の基礎に据えるのは石刃ではなく、剥片をベースにし、そこから様々な器種を作り出している。デリコらによれば、ここにはオーリニャック文化の影響は認められないという。それでいて、円錐形の骨製尖頭器や穿孔された貝製品、赤や黄の顔料の使用など、中部旧石器文化から上部旧石器文化への移行的性格も濃厚に示す。そしてトナカイ洞窟のように、カヴァロ洞窟同文化層にも、ネアンデルタール人の歯が伴っていた。

年代も、シャテルペロン文化、オーリニャック文化とほぼ並行する。ウルツォ文化の骨製尖頭器などを出したカステルチヴィタ洞窟では、３万3000～３万2000年前の放射性炭素年代が導かれている。

類例は、東欧にも及ぶ。ハンガリーのセレタ洞窟を基準遺跡とするセレタ文化も、細かい剥離が丁寧に施された両面加工の木の葉状尖頭器を有した、シャテルペロン文化やウルツォ文化同じ移行的文化とされる。年代は、後２者よりもやや古く、４万5000年～４万年前とされる。同じハンガリーのアッパー・レメテ洞窟同文化層からは、ネアンデルタール人とされる３本の遊離歯を伴うが、いずれの洞窟でも昔の管理の不十分な発掘によるものなので、やや不分明な部分が残る。ただデリコらが指

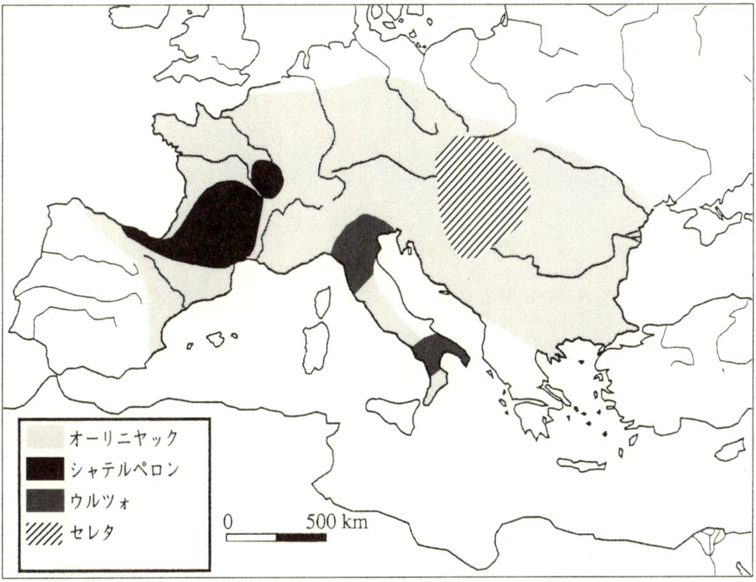

図23　西欧早期上部旧石器文化群の分布。（Klein, R. *et al.* 2002. を改変）

摘するように、こうした類例をにらめば、オーリニャック文化の到来に先駆けて、後期ネアンデルタール人がその土地の事情に合わせて上部旧石器的文化を独自に発展させた可能性は、高そうではある。

アメリカの考古学者リチャード・クラインの描いたヨーロッパの早期上部旧石器文化の分布図を見ると、シャテルペロン、ウルツォ、セレタの各文化は、ヨーロッパ全域を覆うオーリニャック文化と比べ、ごく狭い地域に互いに分布域を重ならせずにローカルに広がる実態がよく理解できる（図23）。そこに、東から拡大を続けてきたオーリニャック文化とネアンデルタール人の作った地域文化との微妙なせめぎ合いを見ることができる気がする。

なお、認知考古学者として著名な英国のスティーヴン・マイズンは、2006年に刊行した『うたうネアンデルタール（*The Singing Neander-*

thals)』で、持論の「モジュール」説を踏襲し、シャテルペロン文化について、ネアンデルタール人は象徴の持つ力や意味を何ら理解することなく、象徴を使いこなす現生人類の模倣を始めただけだ、と述べている。

10　早期上部旧石器文化を発展させなかった地域集団

ただ、この一方で、意識的にかどうかは分からないが、別の選択をした後期ネアンデルタール人の地域集団もいた。イベリア半島南部の集団で、現生人類によって袋小路に追い詰められた最後のネアンデルタール人が、そこを避難所として旧来のムスチエ文化をなお守り続けていたことが判明している。

90年代に北アフリカを臨む南スペイン、アンダルシア州のサファーラヤ洞窟で発掘調査したユブランらは、ここの下層のムスチエ文化層から、頤のない明確なネアンデルタール人下顎骨を発掘した。ネアンデルタール人の特徴でもある第三大臼歯の後の明確な空隙も存在していた。獣骨の90％はアイベックスの骨だったが、これを試料にした熱ルミネッセンス法で３万3400年前を示した。その上の中層は３万1800年～３万1700年前であり、さらに上部層では放射性炭素で２万9800年前、ウラン系列法で２万6900年前を出している。そのような新しい年代にもかかわらず、興味深いことに、ここでは最後まで早期上部旧石器的文化が見られず、なお昔ながらのムスチエ文化が維持され続けるのである。

事情はポルトガルでも同じで、フィゲイラ・ブラヴァ洞窟のムスチエ文化層の放射性炭素年代は、３万0930年前を出した。コルンベア洞窟ムスチエ文化層では、さらに新しい２万6400年前という放射性炭素年代値さえ出ている。ちなみにヨーロッパのムスチエ文化の作り手は、ネアンデルタール人以外はあり得ないので（中東では早期現生人類もムスチエ文化を営んだが）、これらの例は、早期上部旧石器文化を発展させようとはしなかったネアンデルタール人が辺境地で生き残っていたことを物語っているのだろう。つまり早期上部旧石器的な文化は、後期ネアンデルタール人にとって必ずしも必要とされなかったものらしい。というのも、その一方で北東スペインには、例えばラルブレーダやロマニ岩陰で、4万2000年～4万1000年前のオーリニャック文化が見つかっているからだ。中東のイスラエルからたった6000～7000年のうちに、オーリニャック文化を装備した現生人類はイベリア半島にまで達したことは驚異的だが、したがってイベリア・ネアンデルタール人地域集団も、オーリニャック文化と現生人類を目にしたことはあったに違いないのである。

11　シャテルペロンの標識遺跡の新報告

このように見てくると、上部旧石器的文化の出現には、独立発展というデリコらの観点に立っても、そこにいくばくかのオーリニャック文化の影響はなかったものなのだろうか、と思える。事実、デリコもその後の知見を睨んで、微妙に軌道修正しているようで、例えば03年論文では、西進してきて現生人類がネアンデルタール人と接触し、それによってもたらされた新しい環境が、双方に象徴物の爆発的製作をもたらす点火剤になった、と述べている。それは、文化変容説に修正を加えて、従来の独立発展説と融合させた説のようにも見える。

我々現代に生きる人間を見つめても、その蓋然性は高い。我々も根は、保守的だからだ。世界史を振り返っても、その文化を大転換させたブレークスルーは、内発的であるよりも、常に外からの刺激でもたらされてきた。現代人にしてからがこうだとすれば、もっと単純な文化で暮らしていた原始人に大きな文化的転換を引き起こさせたのは、たぶん外からの刺激、すなわち進出してきたエミグレの現生人類との接触があったに違いないのではないか。筆者は、その意味で、ユブラン説に多少とも共感を覚える。シャテルペロン、ウルツォ、セレタなどの各文化は、全くオーリニャック文化と無関係に独立発展したと言い切れるのかというのは、地理的・年代的関係から、あらためて問い直されてよい。それというのも、後述するように新たな発見は、デリコのシャテルペロン文化の独立発展説を脅かしているように思えるからだ。

今1度、シャテルペロン文化に立ち戻れば、実はデリコらが自説の論拠としたトナカイ洞窟の「ムスチエ→シャテルペロン→オーリニャック」という関係、特にシャテルペロンとオーリニャック両文化の前後関係は、必ずしも確定されたものではない。オーリニャック文化よりもシャテルペロン文化の方が古いと断定するためには、同一遺跡での明確な前後関係の確定が必要だ。異なる遺跡間での放射性炭素年代値を求めての前後関係を論じることも確かに有効だが、測定誤差などを考慮すれば、確定的とまでは言い切れない部分が残る。実際、シャテルペロン文化とオーリニャック文化とは、ごくごく狭い同一地域のある時期に共存していたようなのである。これまでも、南西フランスのロック・ド・コンブ、ル・ピアジュ、北西スペインのエル・ペンドの3遺跡で、シャテルペロンとオーリニャックの両文化が交互に現れると言われてきた。それについては誤解釈などという反論があり、論争のタネとなっていた。

しかしこうした論議に、たぶん終止符を打つ一歩になるかもしれない報告が、05年11月3日号の『ネイチャー』誌でなされた。英ケンブリッジ大のブラッド・グラヴィナ、ポール・メラーズらが発表した報告だ。ここでの論議に重要だと思うので、少しスペースを取って紹介する（ただし、この約9カ月後の06年8月に、独立発展説に立つチルハン（現在は英ブリストル大学)、デリコらは、『アメリカ国立科学アカデミー紀要』誌で、後述するようにこの報告に反論した)。

グラヴィナらの報告の本論は、フランス中部アリエ県シャテルペロン村の「妖精洞窟」のシャテルペロン文化層に対して新たになされた放射性炭素年代の新測定結果と、それについての解釈である。ちなみに妖精洞窟でこの文化が初めて検出されたことにより、後にフランス旧石器考古学の始祖とされるアンリ・ブルイユによって所在地名が取られて、シャテルペロン文化と命名された経緯がある。つまり同洞窟は、考古学で言う記念碑的な標識遺跡（type site）なのである。

12　ごく薄いオーリニャック文化層の検出

ここで重要なのは、技術の未熟さのために古い時代になされた発掘で検出されなかった薄いオーリニャック文化層の存在を、グラヴィナらが初めて突き止めたことだろう。ちなみに妖精洞窟は1840年代の鉄道建設でその存在が知られ、続く1850年ころに初めて発掘調査された歴史の古い遺跡だ。1867年から1872年にかけて、Ｇ・ベールーが発掘を引き継ぎ、初めて単一の主要石器文化層のあることが認識された。

グラヴィナらは、妖精洞窟で行われた過去の調査の再解釈とサン・ジェルマン＝アン＝レーにある国立古物博物館に保存されていた妖精洞窟シャテルペロン文化層出土の動物化石をAMS（加速器質量分析計）で年代測定した結果を加味し、シャテルペロン文化の一時期にオーリニャック文化を備えた現生人類が同洞窟に短期居住したことを、初めて明らかにしたのである。

同洞窟では、前述のように19世紀に２度発掘が行われたが、最近では1951年から55年に国立古物博物館のアンリ・デルポルトにより発掘調査が行われている。その結果、デルポルトは最下層Ｃ層の後期ムスチエ文化層の上に、厚さ約2.5ｍの少なくとも５枚の明らかなシャテルペロン文化層が堆積していることを確認した（下からB5～B1層と識別）。この下には、少なくとも厚さ1.5ｍの後期ムスチエ文化層が堆積していた。

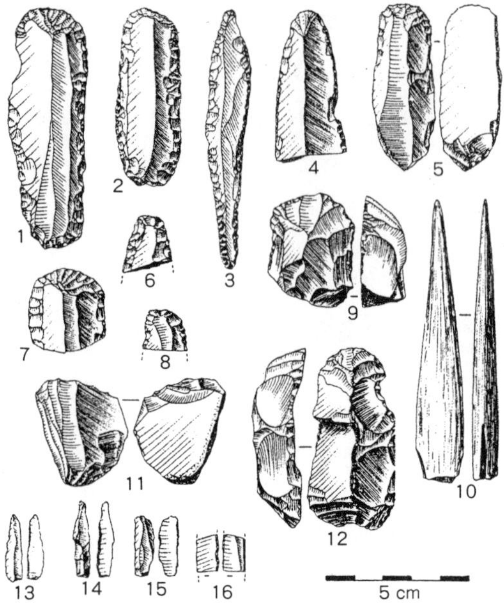

図24　シャテルペロンの妖精洞窟で出土していたオーリニャック文化石器群と基部の割れた骨製尖頭器（No. 10）。
(Gravina, B. *et al.* 2005. より)

デルポルトの調査成果を検討した結果、シャテルペロン文化層にはいかなる撹乱も受けていなかったことが判明したという。興味深いことは、19世紀の2度目の調査でシャテルペロン文化層で最大長が2mに達するマンモス牙の集中が見つかっていた点で、ここより約130㎞北方のトナカイ洞窟の小屋跡と同じ性格のものと見られる。

このシャテルペロン文化層からは、合計750点を超える石器が見つかっており、うち200点以上に二次加工が認められている。石器の分布は全層に及ぶが、下部のB5層～B3層に特に集中している。

19世紀の発掘とデルポルトの発掘で最も注目されるのは、デルポルト自身も強調していたことだが、シャテルペロン文化層のB4層に集中するかたちで、刃部に細部加工が施された石刃、竜骨状の刃を持つ掻器（スクレイパー）といった明確なオーリニャック石器が混じっていることだ（図24）。オーリニャック文化に特有の、基部に切り込みのある骨製尖頭器もある。しかもシャテルペロン文化に分類される石器は在地の低品質のフリントが用いられているのに対し、明確なオーリニャック石器には妖精洞窟から少なくとも100km北方の遠隔地産の高品質フリントが用いられている。

ここから、B4層のどこかで、当時の発掘技術では文化層として確認できなかったほどのごく短期のオーリニャック文化人、すなわち現生人類の一時的な居住のあったことが確実になった。このことを確実視させるのは、デルポルトがB4層から発掘した2点の穿孔のある動物犬歯（1つはキツネ、もう1点はネコ科動物）の装身具である。いずれも、フランス各地の確実なオーリニャック文化に伴う例と、形態も製作過程も同じである（ただし前述したように、トナカイ洞窟シャテルペロン文化層にも同じものが存在する）。

2つの文化を持った2種の人類が、この洞窟近くに暮らし、交互に洞窟に居住していたのである。ただし侵入者のオーリニャック文化人は、洞窟居住が短期に留まったことから見て、多少とも先住者に敬意を表していたようである。

13　嵌入説に終止符か

AMSによる年代測定に用いられた試料は、国立古物博物館にB5層、B4層、B3-B1層（これだけは一括されていた）と分別して袋詰めにされていた大型草食獣の骨が用いられた。B5層から3点、B4層から2点、B3-B1層から8点の計13点の骨を抽出し、オックスフォード大で測定した結果、年代は1点を除いてきれいに揃った。

下層のB5層は4万～3万9000年前、上層のB3-B1層は3万6000年～3万4500年前となったが、問題は中層のB4層の試料にした骨2点の値にはやや開きがあることで、約3万9800年前と約3万5500年前と出た。ここからグラヴィナらは、B4層に挟まったごく薄いオーリニャック文化層の年代を、3万6000年前～3万9000年前と見積もった。いずれも、既知の他遺跡の年代との齟齬はない。グラヴィナらは、さらにこれらの測定値に、深海底コアを用いた較正値を与えているが、前章でも付言したように、炭素年代測定値2万6000年前以前の暦年較正は不確かさが残るという指摘があることに留意し、ここではこれ以上立ち入らない。

むしろそうした較正値よりも重要なのは、B4層に残存した束の間のオーリニャック文化期が温暖期と次の温暖期との間に続いた短い寒冷期に一致するらしいとした指摘である。これだけで断定するのはまだ早計だろうが、仮にそれが正しいとすれば、現生人類はネアンデルタール人集団よりも寒冷気候に対抗できる装備を備え、それによって西欧進出を果たしたという推定が可能となる。オーリニャック文化は中東に起源を持ち、遅くとも炭素年代の非較正値で4万3000年前ころには東欧のブルガリア、バチョ・キロ洞窟に到達しているので、この間に寒さへの完璧な文化的適応を果たしたと考えられる。そしていったん寒冷気候に適応すると、前述のようにわずか6000年～7000年という短期間で、イベリア半島にまで一気に分布域を広げた。そしてそこで、先住のネアンデルタール人集団と遭遇したことになる。

妖精洞窟のシャテルペロン文化層の間にごく薄いオーリニャック文化層が挟まっていたとするグラヴィナらの論考も含めて考えると、その出会いは、ユブランらのような「文化変容」説に近かったのではないか、という推定も成り立つ。少なくともホワイトの説く、シャテルペロン遺物が上のオーリニャック層からの嵌入とする説は、著しく不利になったと思われる。

もっとも前述のように、チルハンらは、主としてグラヴィナらの報告を標的に（この論文中で、彼らの同一論文を4回も引用している）、あらためて国立古物博物館までわざわざ出かけ、収蔵資料と写真、デルポルトの未刊行の草稿を点検し、例えばグラヴィナらの報告で示された１点だけ不自然な AMS 年代も例に挙げるなどして、オーリニャックの上部からの嵌入説を展開している。そして、エル・ペンド、ル・ピアジュ、ロック・ド・コンブをあらためて撹乱の産物と指摘して、シャテルペロン文化の自発発展説を再論しているが、それらを含めても、グラヴィナらの報告を打ち消すには無理がある気がする。

14　芸術は創造しなかった？

上記のように、文化変容にしろ、独立発展にせよ、後期ネアンデルタール人が個人用装身具類は作っていたのは確実となったと思われる。しかしその後期ネアンデルタール人にしろ、さらに踏み込んだ芸術を創造していたかどうかまでは、まだ確認されていない。今後の調査の進展にもよるだろうが、確実な例が未だに発見されていない現状は、彼らが芸術を創造できるほどの認知・象徴化能力を持たなかったことを示すものかもしれない。

芸術と言った場合、誰もがラスコー洞窟（フランス）やアルタミラ洞窟（スペイン）などフランコ・カンタブリア地方に見られるような躍動する動物を描いた洞窟壁画を思い起こすことだろう。以前は、これらの優れた具象画は、上部旧石器時代も末に近いマドレーヌ文化期（１万8000年～１万1000年前）の特徴と考えられたが、94年にいたり、フランス、アルデシュ県のショーヴェ洞窟での驚くべき発見から、具象的な動物図像は、古いもの、例えばサイの絵は実に３万2410年前のオーリニャック文化期に遡ることが明らかになった。かつて旧石器文化研究者や美術史家は、現代の人間が成長に応じて稚拙な絵から上手な絵を描いていくように、旧石器壁画もオーリニャック文化期に典型的な「マカロニ」と称される意味不明の古拙な図像などからマドレーヌ文化期の美麗な具象壁画へと進歩していったと考えたが、こうした単純な考えは通用しないことが示されたのだ。したがってショーヴェ洞窟の発見は、ある意味でこれが最古の壁画なのかも不確かにしたと言えるのである。

奇妙なことに、洞窟壁画は地域的に著しく偏在している。フランコ・カンタブリア地方から東南フランスの300カ所ほどに集中し、中・東欧ではほとんど稀である。もっともそれは、この地方に壁画が保存されやすい洞窟が分布するという見かけだけの事情かもしれない。

ただ、それだけではなく、現生人類のある種の文化的地域性を示している可能性は残る。それというのも、年代的にはもう少し古くなる例もあるが（大筋で見て、さほどの前後関係はないと思われる）、象牙や骨で作った彫刻品である動産芸術が、フランコ・カンタブリア地方には見られず、南ドイツなどの中・東欧に比較的多く分布するからである。人類の創造性には、何らかの「好み」があったようにも思われるのだ。ただ、初期のヨーロッパ動産芸術の諸例は、オーリニャック文化の担い手の問題の検討と絡めて、あらためて取り上げることにしたいので、ここではこれ以上立ち入らないことにする。

15　火山礫製の「ヴィーナス」像は最古の芸術品か

前にも触れたが、ネアンデルタール人とそれ以前のホモ・ハイデルベルゲンシスの確実な芸術作品は知られていない。03年論文でデリコらは、これまでそうした時代のヒトの作った古い芸術作品とされる例を再検討し、顕微鏡検査などで調べると、ことごとくが否定的結果になるという。骨製の線刻品とされたものは血管の痕を見誤ったものだし、穿孔された穴はハイエナなど肉食獣の噛み痕だった。

ただそのデリコも、唯一ヒトの営為を認めるのは、イスラエル占領下、ゴラン高原のベレカト・ラム遺跡で見つかった「ヴィーナス」像である。

約23万3000年前と年代測定された長さ約35㎜の火山礫で出来た稚拙な女性像とも見えるそれは、かつては火山から噴出して冷やされた後に自然に人像に似るようになったものとされたが、デリコは光学顕微鏡ばかりか電子顕微鏡まで駆使し、さらに同一素材で実験的に複製し、「像」の溝と摩滅はヒトによってつけられたもの、と判断した。

次に現れるのは、中東最古のホモ・サピエンス人骨を出し、熱ルミネッセンス法と電子スピン共鳴法という2つの放射年代測定法で10万～9万年前と年代の出されたイスラエル、カフゼー洞窟下層だという。ここからは、埋葬されたホモ・サピエンスと明白に共伴する形で、動物の噛み痕ではない線刻された石片、第4章で述べたような穿孔され、オーカーで着色された海産貝殻が出ている。それらは、埋葬に伴う副葬品と考えられる。またイスラエル、ヘブライ大学のエレラ・ホヴァーズらが03年に「カレント・アンスロポロジー」誌に載せた論文によると、洞窟下層各層から、外部から持ち込まれた多数のオーカー片も発見されているという。南ア、ブロンボス洞窟例ほどには注目されないが、このとおりだとすれば、それはホモ・サピエンス最古の芸術品、装身具の可能性がある。ただ、ことオーカーに限って付言すれば、デリコらもネアンデルタール人がオーカーを用いたことは認めている。

16　破綻した「フルート」説

問題となるのは、スロベニア、ディフジェ・バベ洞窟の「フルート」である。若いホラアナグマの大腿骨に2つの丸い穴が開き、3つ目は壊れている。写真で一見する限り、3つの穴が整然と並んでいて、いかにもヒトの加工した楽器に見える。年代ははっきりしないが、この「フルート」はムスチエ文化層に伴うので、96年に発掘したスロベニアのイヴァン・トゥルクは、ネアンデルタール人の製作した世界最古の楽器と発表した。しかしこれも、別の研究者たちによって、肉食獣がつけたものと反論された。ヒトの住まなかったホラアナグマの骨の集積した層に由来するクマ四肢骨によく見られる穴と「フルート」の穴とは、形状もサイズも一致したからである。

それを再確認すべくデリコは、ディフジェ・バベの他の層とスロベニア国内でホラアナグマ骨が出土する別の4洞窟のそれぞれの穿孔例を顕微鏡観察を含めて詳しく再検討し、いずれも肉食獣による破壊として説明できることを示した。それらの評価から、デリコは例の「フルート」も人為ではなく、ホラアナグマ自身が嚙んで出来た蓋然性が高い、と判定した。それ以外も、フランス、ラ・キナ洞窟などムスチエ文化に伴う加工品とされるものは、すべて肉食獣によるものという。

そうなると、やはり確実そうな「楽器」は、早期上部旧石器時代のイストゥリッツ（フランス）、ガイセンクレステルレ（ドイツ）の鳥骨製のフルートにまで下るのだろう。前者は1921年に発掘され、例数も20点以上に達するが、オーリニャック文化からマドレーヌ文化までの様々な文化期に及ぶ。最古例はオーリニャック文化期に遡るので、3万5000年前になるだろう。ガイセンクレステルレは、最近のAMSによる年代測定で、3万6000年前ほどになる。帰属文化と年代から考えて、いずれもネアンデルタール人は関与していなかった。ただ、骨や石を打ち合ってリズムをとる打楽器が、ネアンデルタール人の時代とそれ以前にも存在した可能性は残る。もっとも、それを考古遺物として認識することは、将来も困難だろう。

17　音声言語の存在を求める努力

証拠の残りにくさの点で、音楽の存在証明以上に困難なのは、象徴化の典型例である、統語法のもとで分節で構成された音声言語の存在だろう。ネアンデルタール人は、私たちのように話せたのか、したがって集団間でどれだけのコミュニケーションがとれたか、それともとれなかったのかという問題は、ネアンデルタール人の存在が認識された当初から大きな関心事となった。

それを見ていく前に、私たちが日常に話す１つ１つの分節言語について、少し考えてみよう。分節言語は、それが指す実態と全く関係しない。例えば私たちは、わんわんと吠える肉食哺乳類を「イヌ」と呼ぶが、その動物と「犬（*inu*）」という単語は、何のつながりもない。そしてその動物を、英語では「dog」、ドイツ語で「Hund」、フランス語で「chien」、ロシア語で「Собака」などと呼ぶが、それらも実態と関連があるわけではない。ただ、その言語によって実態を象徴化したうえで、そう呼んでいるだけである。つまり言語を使うには、芸術の創造に匹敵するかそれ以上の高度の象徴化能力を必要という前提条件がある。そのうえに私たちは、この分節言語を統語して作り出される音声言語で、時にはまだ実現していない未来についても語れるし、存在しない超自然的なもの、神をも表現できる。そこでは、脳の中で高度な象徴化が行われ、処理されているのだ。

このような音声言語が、いつから現れたかは、古人類学では常に論争の的になる主題だった。音声言語は、考古記録に残らないし、外からうかがうこともできないからだ。その課題に少しでもアクセスしようと、ヒトに最も近いチンパンジーやボノボを飼育し、彼らとのコミュニケーションをとろうとする努力が、京都大学霊長類研究所を初め、各国の研究所で行われている。それによると、図像言語を通じて、彼らもある程度の意思表示が可能で、研究者とのコミュニケーションも成立している。しかし音声を作り出す解剖学的構造の制約のために、音声言語についての対話は成立していない。

一方、化石人類については、これまでに頭蓋内鋳型（endocast）から、脳の表面を復元し、言語存在の有無を論じる意見が幾度となく交わされてきた。だが、そうした議論に決定的に欠落している視点は、それがコンピューターで言えばハードウエアについてだけの議論であって、ソフトウエアは視野の外に置いていることだ。解剖学的にそれらしい脳の形状をいかに整えていようとも、言語を作り出すソフトウエアの有無については全く判断できない。もう１つ、音声言語を作れたかも、不明なままだ。

また、頭蓋底の形状から発声にとって重要な喉頭の位置を推定できるとし、ネアンデルタール人の頭蓋底が先行人類よりも退化したかのように平坦であることから、複雑な発話に懐疑的な立場を示すジェフリー・レイトマンらのような研究者もいる。ただ、それには強い異論もある。

18　ネアンデルタールの舌骨の発見

この問題の１つの突破口が、1983年にイスラエル、ケバラ洞窟で開かれたかに見えた。「モシェ」と愛称される６万年前ころのケバラ２号成人ネアンデルタール人男性骨格が発掘されたが、稀有なことに、この骨格には言語を話すために必要な筋肉が付着する舌骨が伴っていた（エチオピアの「セラム」が発見されるまで、これがホモ・サピエンス以外では唯一の化石舌骨だった＝第２章参照）。舌骨は、長さ３㎝ほどのごく薄い骨なので残りにくく、ネアンデルタール人では初めての発見例であった。モシェのこの舌骨が現代人とほとんど違いがなかったことで、これを研究したイスラエルの解剖学者Ｂ・アレンスバーグやフランス古人類学者のベルナール・ヴァンデルメールシュらは、ネアンデルタール人が現代人のような音声言語を作り出せなかったという従来説を否定する有力証拠だ、と唱えた。

しかしこの提唱に対しても、似たような舌骨ならブタにも見られるという慎重派からの反論が、すぐさま出された。骨化せずに消失してしまった軟骨部の様子も、これからだけではうかかがえないというアメリカ自然史博物館のイアン・タッターソルの指摘もある。何よりも、これでは前述したソフトウエアを論議できない限界がある。前記のマイズンも、自著で、現生人類的な意味での完全な言語を持たなかった、と推定した。

頭蓋、舌骨の形状の研究でも、いずれにしろ脳の内部構造、さらには複雑な神経の配線まではうかがいようがない。ネアンデルタール人は現生人類の平均値を１割以上も上回る大きな脳を持っていたが、それで現生人類のような複雑な象徴化を必要とする統語法を伴った音声言語を作り出せたかは、判断不能と言うしかないだろう。

このように現在にいたるも、ネアンデルタール人の言語能力についての定説は定まらない。結局のところ、芸術とか音楽とかの考古証拠で、間接的に推定していくしかないのだろう。そして音楽については、前記のデリコの労作があり、考古証拠からたどる限り、フルート例などのような明確な証拠をネアンデルタール人までたどりつけないことを紹介した。芸術についても、トナカイ洞窟などの装身具を除けば、ネアンデルタール人が作ったと断定できる例は、存在しない。

こう見ると、すでに絶滅してしまった集団を含めて、地球上のすべての現生未開民族に必ず存在した統語法を伴う音声言語（ただし文字言語はほとんど持たなかった）がネアンデルタール人に存在したのか、今のところ悲観的にならざるを得ない。ただし、わずかな望みがないわけではない。もう１つの高度な象徴化例である、「死者の埋葬」が残されている。彼らが死者を埋葬していれば、ある程度の象徴化というソフトウエアは働いていたことになるから、音声言語も交わされていたとも推定できるだろう。ではその実態は、どうだったのか。

19　埋葬を行っていたのか

埋葬についても、実は長年の論争が続いている。前章でも述べたイラク、シャニダール4号に花が供えられて埋葬されたとするアメリカの人類学者ラルフ・ソレッキの見解は、ネアンデルタール人の人間らしさを浮き彫りにしたが、その後に類例を伴わず、また他の証拠に照らしても飛躍的にすぎて、最近では否定的見方が多い。古い現生人類を凌駕するほどの立派な葬送儀礼が行われたのなら、それなりの副葬品を伴って当然と思えるが、現在までのところ、ネアンデルタール人に明確に副葬品が伴った例は確認されていない。

その一方、ソレッキ説と対極にあるのは、遺体はただ放置され、たまたま水などに運ばれて窪地に埋まったに過ぎないとする、ロバート・H・ガーゲットらの反説だ。

こうした論争が起こるのは、彼らの主要居住地であったヨーロッパでネアンデルタール人遺体の発掘されたのが、科学的管理がなされる以前の20世紀初頭に集中していたからだ。洞窟内から揃った骨格が出ることからすると、埋葬が予測されるし、シャニダール発掘に際しても、調査者のラルフ・ソレッキは、そう判断した。しかしトナカイ洞窟1つとっても、古い発掘調査の緻密さに疑問が出されるほど、今日の基準は厳密だ。その観点から見直すと、意図的埋葬と言い切れないものを拭いがたい。

ただ最近になって、科学的管理による発掘が進み、ネアンデルタール人による意図的な「埋葬」を想定せざるをえない例が、中東で次々と見つかっている。その重要な発見例が、日本とシリアの合同調査隊が北西シリア、デデリエ洞窟で発掘した、いずれも2歳くらいの2体の幼児骨格の「埋葬」だ。

デデリエ洞窟は、奥に一部が地上に開口した大洞窟で、この奥の中部旧石器文化層の第11層で、まず1993年に1号が、次いでそれより1mほど上の第3層で、97年から98年のシーズンにかけて、2号が発掘された。上層の、したがってより新しい2号の年代は、この付近がちょうど放射性炭素の測定限界に近いのではっきりしないが、6万～5万年前前後と見られる。それゆえ、1号はさらに古いことになる。

形質人類学者としてこの調査に参加している東大大学院准教授の近藤修氏によると、93年から始まってなお継続中の本格調査で、この他に約10個体ほどのネアンデルタール人骨破片が見つかっているというが、1号、2号以外は断片的なものばかりだ。

20　デデリエの幼児骨格が示唆する埋葬

調査チームは、すべての関連文献で、デデリエ1号、2号をいずれも「埋葬（burial）」と表現している。つまり、ただの放置でなく、そこに何らかのヒトの意図が働いたと見るわけだ。しかしそれは、上部旧石器文化の副葬品も伴った完全な墓とはかなり異なる。例えば腕を伸ばし、脚をを曲げて、仰向けにされていたほぼ完全近い1号骨格には、頭部の上に四角形に近い板状石灰岩が、胸のあたりに三角形のフリント片が伴っていた。これは、副葬品のようにも見えるが、研究チームは注意深く断定を避けている。それというのも、墓坑を掘った痕跡も土をかぶせた痕跡も、いずれも考古学的には検出されなかったからだ。人工品だが、石器とは断定されていないフリント片も、偶然の紛れ込みかもしれず、板状石灰岩も崩落岩の一部かもしれない。

2号も、状況は似る。こちらは骨格は1号ほど完全ではないが、顔面を完全に復元できるほど頭蓋が揃っていた。長径70cmほどの楕円形の穴の中に、14点のフリント製ムスチエ石器や石屑、大量の獣骨片とともに埋まっていた。特にリクガメの甲羅は、示唆的で、それは2号の脚の上の位置に置かれていたようにも見えるという。ただこの穴は、人為的に掘られた墓坑ではない。一緒に見つかった遺物も、混じり込んだだけという可能性を、なお排除できない。

それでも著者らが「埋葬」と表現するのは、特に1号例のように、バラバラではない、きちんと関節する整った骨格で見つかる状況があるからだ。ただ放置されただけならば、こうした遺存状態は考えにくい。しかもそれが、本来なら保存されにくい幼児骨であれば、なおさらだ。放っておけば、遺体は肉食獣に食い散らかされるか、風雨で動かされ、残ったとしてもやがて断片となってしまう。土をかぶせるなりの何らかの意図的なヒトの保護策があったのでは、という意味が、「埋葬」の語には込められている。

デデリエで奇妙な点を付言しておけば、完全に近い2体がいずれも幼児骨で、本来なら骨質が硬くて残りやすいはずの成人骨格が未だ見つかっていないことだ。これを、単なる偶然と解釈すべきなのかどうか。当時のネアンデルタール社会の構造から、明確な墓所を定める意識も、成人と幼児を埋め分ける意識も、いずれもあったはずはないというのは異論のない共通理解だから、幼児の墓だけを掘り当てたという可能性は、まずない。何しろ面積にして中部旧石器文化層の1割も掘っていないので、成人骨はまだ見つからないだけで、今後、発見される可能性もないわけではない。しかしもし「埋葬」が完全でなければ、特に成人では体が大きいだけ「保護策」に手間かがかかる分、手抜きされて、肉食獣に持ち去られるか、流水で流されるかしてしまったこともありえる、と近藤氏は指摘する。

21　アムッド、ケバラでも萌芽的痕跡

これと似た状況は、かつて東京大学グループが調査の先鞭をつけ、61

年に1740ccの脳容量を持つネアンデルタール人男性成人骨格（アムッド1号。この脳容量はこれまで発見された中で最大の値である）が発掘されたイスラエル、アムッド洞窟でも見出された。東大チームの撤収後、洞窟は長く見捨てられていたが、91年からイスラエル・チームが発掘調査を受け継ぎ、翌92年、洞窟北側の壁際から生後10カ月くらいの乳児個体（アムッド7号＝5万～6万年前）が発見されたのだ。これも、骨格は関節できちんとつながっていた。そして、乳児のアムッド7号の骨盤あたりにアカシカの下顎骨が添えられていた。骨化が不十分な乳児骨は、自然に放置された状態ならさらに残りにくい。こうした状況から、発掘者のイスラエルのヨエル・ラクらは、アムッド7号を「埋葬」と認定した。しかし近藤氏によれば、アカシカの副葬も、デデリエ洞窟のリクガメや板状石灰岩と同レベルではないかと言う。

前述した「モシェ」ことケバラ2号も、頭蓋や左右の脚がなかったもののほぼ完全な骨格で残っていた。90年にこの発掘調査に参加した国際医療福祉大准教授の奈良貴史氏は、その乱れのない関節した骨格の様子から、「埋葬としか考えられない」と指摘する。91年に刊行されたフランス語による調査報告書によると、最大25㎝の深さの墓坑が掘られていたと指摘されている、と奈良氏は言う。自然に出来た穴ではなく、坑の壁が立ち上がった状態だから、意図的な掘り込みという解釈だ。そのうえに、前記の関節した状態を保つ遺骸である。また脳頭蓋は失われているのに、下顎骨と上顎第三大臼歯が本来の解剖学的位置を保って出土してることも興味深い。土をかけて白骨化した後に、ヒトが何らかの意図で脳頭蓋を持ち去ったのではないか、という。

ただ、ケバラよりも少なくとも3万年は古く、距離も数十㎞しか離れていない前述のカフゼー洞窟では、しっかりした埋葬が行われていた。若い女性の足もとに6歳くらいの幼児遺体を埋めた母子合葬と見られる例も見つかっている。それと比べれば、ネアンデルタール人の「埋葬」とされるものは見劣り感が否めない。

22　萌芽的埋葬は後期ネアンデルタール人からか

皮肉と言うべきか、不幸にと言うべきか、ネアンデルタール人本拠地とも言えるヨーロッパで、完全な骨格を伴うネアンデルタール人化石は20体以上は見つかっているが、いずれも20世紀初頭の完全な科学的管理による発掘のなされなかった時のものばかりだ。したがってこれが、埋葬であったか否か、現在では確認できない。しかしホラアナグマ、ホラアナライオン、ハイエナなどの肉食獣の多かった当時のヨーロッパで、完全な骨格が残ったことは、遺体が土をかけられたような処置で「埋葬」された傍証と見ることもできる。しかも、見つかっている骨格は、古典的ネアンデルタールと呼ばれる、特殊化の著しい個体群に偏る。このことから、彼らは比較的年代が新しい、おそらくは4万～5万年前ころのものだったと考えられる。ちなみにヨーロッパ先住民であるネアンデルタール人は、化石からは23万年前ころには出現していたと考えられているが、前期ネアンデルタール人には完全な骨格は見当たらない（第5章で述べたように、ネアンデルタール人化石の遺伝子証拠ではもう少し古くなる）。

スペイン、アタプエルカ山脈のシマ・デ・ロス・ウエソスで、92年以来、前ネアンデルタール段階の30万年前ころのものと見られる30個体以上のヒトの骨が見つかっているが、この骨のあった周辺にはヒトが居住した痕跡を示すものが全く伴っていない。遺体は、上から洞窟縦穴内に投棄されたと考えられている。この段階では、「埋葬」の概念がヒトの中に生じていなかった証である。なおシマ・デ・ロス・ウエソスでは、92年に前ネアンデルタールのヨーロッパ化石としては例外的に完全な第5

号頭蓋などが発見され、大きな話題になった（図25）。

このように見てくると、後期ネアンデルタール人、すなわちクラシック・ネアンデルタール人には、10万～9万年前のイスラエル、カフゼー洞窟の早期現生人類に見られるような副葬品を伴う確実な埋葬はまだ行われなかったが、萌芽的な行動はなされていた可能性が強い。年代から考えると、後期ネアンデルタール人は早期現生人類に埋葬という習俗を学んだことも考えられるだろう。しかしこの問題は、なお将来の研究の進展が待たれる課題でもある。

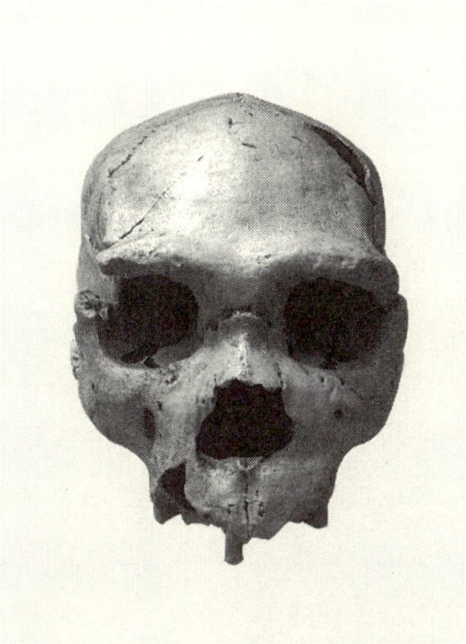

図25　シマ・デ・ロス・ウエソスで見つかったアタプエルカ5号

23　オーリニャック文化とクロマニヨン人の発見

オーリニャック文化が現生人類（クロマニヨン人）の所産であることは、この文化の起源地が早期現生人類の出発地である中東であり、年代とともに東欧、西欧の順に現れてくる事実から間違いない——少なくとも、10年前ころまではそれは疑いようもない常識だった。しかしつい最近になって、この常識が大きく揺らいだ。本章の最後に、この経緯を述べたい。

オーリニャック文化は、そもそもはネアンデルタール人が発見される4年前の1852年、南フランス、オート＝ガロンヌ県のオーリニャック洞窟から、道路工夫によって人骨が引き抜かれたことが発見の発端である。

総計17体にのぼったという人骨群には絶滅動物を伴っていたと伝えられるが、まだ価値の認識できなかった時代であったこともあり、それらは地元教会の墓地に再埋葬されてしまった。その後、1860年に先駆的先史学者であるエドアール・ラルテによって洞窟が発掘され、もう１度人骨が発見されるが、こちらの方は今では新石器時代のものと見なされている。したがって、オーリニャック洞窟の最初の人骨群が早期現生人類であったかどうかは、今では不明となっている。ただ、見つかった石器群から、これと同じ石器群を含む文化は「オーリニャック文化」と命名されることになる。オーリニャック洞窟は、この文化の標識遺跡なのである。

ネアンデルタール人と同じくらい一般にも著名な「クロマニヨン人」化石は、1868年に南西フランス、ドルドーニュ県のクロ＝マニヨン岩陰で、これまた鉄道工事労働者によって偶然に発見された。こちらは今日まで残り、ネアンデルタール人と全く異なる高身長で端正な顔面骨から、早くから現代ヨーロッパ人の祖先と考えられてきた。その後に発見が続く類似人骨を、一般に「クロマニヨン人」と総称するが、クロ＝マニヨン岩陰はその標識遺跡に当たる。同岩陰は、後にラルテの息子のルイによって発掘調査されるが、古い時代の調査なので、発掘で見つかった「後期オーリニャック文化」石器群がクロマニヨン人骨に共伴するものか、不明だ。なお、同岩陰出土の元祖クロマニヨン人骨の年代は、３万年前ころと見られている。

その後、20世紀に入り、ムスチエ文化より新しい層位からクロマニヨン人化石やオーリニャック文化の石器が多数見つかったこともあり、「オーリニャック文化＝クロマニヨン人、すなわち早期現生人類」という見解が常識化した。しかし実のところ、最古のオーリニャック文化を伴うブルガリアのバチョ・キロ洞窟（４万3000年前とされ、側頭骨片や不完全な下顎骨片などが出土する)、それよりやや新しいオーリニャック文化層を伴うチェコのムラデチ洞窟群を除けば、両者が確実に共伴すると見られる遺跡は、意外と少なかった。そこに、落とし穴があった。

24　思いがけないどんでん返し

中・東欧を流れるドナウ川は、現生人類がヨーロッパに拡散した一経路と考えられ、したがってドナウ川上流のドイツ南西部の何カ所もの遺跡から、オーリニャック文化の動産芸術作品が発見されてきた。フォーゲルヘルト洞窟は、近くのホーレンシュタイン＝シュターデル（ホラアナライオンとヒトとを合体させた彫刻品で有名）、ガイセンクレステルレ各洞窟と並ぶその代表的遺跡として有名だ。

同洞窟は、ドイツのG・リークによって1931年夏から秋にかけて発掘されたが、考古層第５層と第４層から、３万～３万6000年前の大量のオーリニャック石器群の他に、マンモス牙製のウマとマンモス像を含む20点ほどの動産芸術と更新世の動物化石が発見され、しかも共伴した現生人類化石から、オーリニャック文化が早期現生人類の所産であったことを証明する最良の遺跡と考えられていた。

ところが、である。ドイツのニコラス・コナートらが、同層から出た現生人類の頭蓋、下顎、椎骨など６点をAMSで新たに直接、年代測定したところ、その値は意外にも3900年～5000年前近辺という極端に新しい年代に集中したのである。型式から動産芸術は、オーリニャック文化期のものと見て間違いないが、一緒に出た人骨群は、ことごとく後期新石器時代の嵌入物だったのだ。2004年『ネイチャー』に発表された論文表題に記されている「Unexpectedly」に、まさに旧石器考古学者にとって思いがけなさ、素直な驚きが表されている。この教訓に従えば、19世紀末から20世紀初めという古い時代に発掘され、それゆえに現生人類化石出土層より上にあるオーリニャック文化層が放射性炭素で３万4000～３

万5000年前と測定されていただけのムラデチなども危ういということになる。事実、コナートらは、その警鐘を鳴らした。

ただしこの時点でも、オーリニャック動産芸術の古さそのものは、同じコナートがその1年前の『ネイチャー』誌に掲載したホーレ・フェルス洞窟出土像の報告で確証済みである。ホーレ・フェルス洞窟は、フォーゲルヘルト洞窟などと同じドイツ南西部にあり、20世紀末から02年までに同洞窟のオーリニャック文化層から、マンモス牙製のウマ頭像、水鳥像、ヒトと動物の合体した像などが発掘されている。そのオーリニャック文化層の動物骨、木炭を試料にAMSで年代測定したところ、古い数値で3万5710年前、新しくても3万年前を数百年切る程度の適切な測定値を出しているのである。

25　オーリニャック＝現生人類の証明

このような流れにあって、前章末でも述べたメラーズ提唱の、ネアンデルタール人と現生人類の共存は以前に想定されていたよりも短かったという論議が起こった。そして一部には、オーリニャック文化が本当に現生人類の所産か疑う意見さえ出されたのだ。フォーゲルヘルト例を見ると、その点について、今ひとつ再考の余地があるのではないか——この疑念は、しかしほとんど即座に打ち消されることになる。エヴァ・M・ヴィルトらが05年5月に『ネイチャー』誌に報告したムラデチ人骨をAMSで直接年代測定した結果は、一時は破綻しかけた「オーリニャック文化＝現生人類所産」説を再び蘇らせたのである。

ムラデチからは、石器のほかに、骨製尖頭器、穿孔された動物の歯など、まさにオーリニャック的な遺物が出土している。それに伴った人骨は、変異は大きいが、一部に確かに古代的特徴が認められた。そこで従来は、ヨーロッパに渡来したばかりの現生人類、とすんなり受け止められたわけだ。それが、フォーゲルヘルトの結果で危殆に瀕した。ヴィルトらはそれまで不明で、測定の努力が続けられてきたがことごとく失敗してきた絶対年代を、人骨そのものを試料にしてついに割り出すのに成功したのだ。試料として、歯4点、尺骨1点が用いられた。

結果は、平均3万1000年前と、予測通りの数値となった（ただ尺骨1点だけ、なぜか2万6330年前と、若い年代となった）。予測どおりの年代、従来観どおりだったから、本来は権威ある『ネイチャー』に載るはずはない。それが査読審査を通過したのは、前述の背景があって初めて理解できるだろう。

そしてドイツ、マックス・プランク進化人類学研究所のシャラ・ベレイとユブランが、コナートらの報告への反証の1つとして発表した「誰が早期オーリニャック文化を作ったのか？」と題した報告も、やはりオーリニャック＝現生人類説のもう1つの論拠となりうる。ベレイらは、フランス、ランド県ブラサンプーイ遺跡で、81年から96年にかけてという最近に、したがって十分に注意深く管理された発掘で早期オーリニャック層から出土した遊離歯群を分析し、一時は帰属不明と匙を投げられていたこれらの歯が、解剖学的に見て現生人類のものであり、ネアンデルタール人とは異なることを明確にした。ただし歯の由来した早期オーリニャック層は、放射性炭素で3万～3万4000年前とされているが、歯を直接年代測定したわけではない点は、なおフォーゲルヘルト例のような不安を残す。ベレイらは、ブラサンプーイの切歯、第四小臼歯、第二大臼歯などの形態がことごとく現生人類的であり、観察した30点以上のネアンデルタール人の歯と似たところがないことを拠り所にするだけだからだ。

しかし上記2例を考え合わせると、従来説はここであらためて再確認されたものと判断してよいだろう。オーリニャック文化は現生人類が中東からヨーロッパに持ち込んだものであり、シャテルペロン文化はネアンデルタール人が創造したのである。そして妖精洞窟で確認されたように、期間に議論があるにしろ、両者はともかくも同一の時空間を共有していたのだ。

その後に、いかなる理由かは不明だが、ネアンデルタール人は最終的に絶滅した。はるか東方のインドネシア、フローレス島に細々と生き残った別系統人類であるホモ・フロレシエンシスを残し、以後、ホモ・サピエンスは地球制覇をまっしぐらに目指すことになるのである。

第7章　小さな脳の人類がもたらした大きな衝撃

1　ホモ・フロレシエンシスの発見

ホモ属人類は、250万年前以降、時がたつとともに脳が大きくなる方向に進化し、それとほぼ同時期に出現した石器文化も脳の拡大によって洗練化されていった――人類学的、考古学的なこの常識が、1つの古人骨の発見で、一挙に崩されてしまった。

もちろんその常識が一直線であったわけではないことは、ホモ・グルジクスの発見により、ある程度、古人類学界でも認識されていた。しかしこの発見は、グルジクスよりもはるかに劇的であっただけに、それだけ学界に強力な衝撃を与えたのである。一部には、「脳は進化ともに拡大する」という常識を覆した点で、半世紀に1度の発見、という評価までなされる。少なくとも、最古のホミニンであるサヘラントロプス、そして1959年のメアリー・リーキーによるジンジャントロプス（パラントロプス・ボイセイ）の発見と匹敵するショックをもたらしたことは確かだ。

その驚きをもたらしたのは、2004年10月28日号の英科学誌『ネイチャー』に報告された2本の論文だった。オーストラリア、ニューイングランド大のピーター・ブラウン、同大のマイケル・モーウッドらによる2論文は、体長約1m、脳容積380ccという超小型の成人女性骨格が、インドネシアのフローレス島で発見されたことを報告した。しかも人骨とともに、洗練された石器などの進んだ文化を示す証拠も見つかったという（図26）。

オーストラリア・インドネシア共同調査チームは、この人類をフローレス島のはるか西方のジャワ島で発見されているピテカントロプス（ジャワ原人、学名「ホモ・エレクトス」）の子孫として新しい種に設定し、「ホモ・フロレシエンシス」と名付けた。

2　洞窟から全身骨格など多数の人骨

学界に衝撃をもたらしたのは、前記のようなミニチュアサイズにもかかわらず、約１万8000年前（その後の調査で、さらに新しい１万2000年前まで生き延びていたことが判明）という、かなり若い年代が出されたからだ。今では最大700万年にもさかのぼる人類史の流れの中では、つい最近に生きていたヒトという位置付けになる。

脳も身長も、出現期の初期人類のように小さい。この発見は、本章冒頭に述べた学界の常識を越えたものだっただけに、各方面に大きな反響を呼んだ。「この半世紀で最大の古人類学的発見の１つ」とまで驚きを示したのは、英ケンブリッジ大のマルタ・M・ラールとロバート・フォーリーだ。そして05年３月３日、米科学誌『サイエンス』電子版で、この女性の頭蓋内部の脳の型をコンピューターで立体的に復元した成果が報告され、前記の報告が補強されることになった。この発見の意義を検討していくと、ラールらの評価は決して過大ではないことが明らかとなってくる。

図26　ホモ・フロレシエンシス発見を報告した『ネイチャー』誌

問題の骨は、フローレス島の西部の山中にある石灰岩のリアン・ブア洞窟で発掘されたかなり完全な全身骨格だ。年代が新しかったためか、脆く、また化石化も十分ではなかったが、ほぼ完全な頭蓋、右の脚の骨、左の寛骨（腰の骨）のほか、不完全ながら左の脚の骨、手や足の骨なども見つかった。死後すぐに埋没したらしく、保存は最良だった。ただし、この骨格が埋葬されたという証拠は見つかっていない。『ネイチャー』報告の時点では未発見だった右腕の骨も、その後に発見された。

同洞窟は、開口部が幅30ｍ、高さ25ｍと大きく、1965年から断続的にいくつかの発掘区で発掘調査が行われてきた。2001年から発掘を再開したモーウッドとラディーン・スヨノらに率いられた豪・インドネシア共同調査チームは、3年目の03年9月にこの大当たりを当てたというわけだ。

その骨格は、洞窟東壁際に設定した2×2ｍの発掘区のセクターⅦの深さ5.9ｍの層で見つかった。その他にも、洞窟中央に近いセクターⅣの4.3ｍの深さからヒトの左下顎第三小臼歯が発見されているし、さらに別の下顎骨や成人左橈骨《とうこつ》（前腕の骨）など、少なくとも7個体分の骨も出土しているという。したがって先の基準標本となった全身骨格は、LB1（リアン・ブア1号）と呼称された。

3　1万年前台の新しさ

LB1でまず注目されたのは、冒頭にも述べた脳容積の極端な小ささだ。380cc（後に400cc余に改訂された）という類人猿大の値は、これまでに見つかった化石人類の中では、700万～600万年前の最古のホミニン（ヒト族）化石であるアフリカ、チャド出土のサヘラントロプス・チャデンシスで推定された320～380ccに匹敵し、その後の420万年前以降に現れるどのアウストラロピテクス類よりも小さい。

脳だけがミニサイズなのではない。推定身長も、また小さい。LB1の大腿骨長は、280㎜で、これまで低身長ホミニンの代表とされたアウストラロピテクス・アファレンシスの通称「ルーシー」(AL288-1)の281㎜、アウストラロピテクス・ハビリスのOH62(断片だが、推定で最低280㎜)に匹敵する。それから推定される身長は、いずれも1mほどで、LB1も1.06mだ。ちなみに「ルーシー」は318万年前、OH62は180万年前と、LB1よりはるかに古いホミニンに属する。

ところがLB1は、前2者よりはるかに新しかった。その事実は、いくつもの理化学年代測定法で明確になった。LB1に伴った木炭を放射性炭素年代法(AMS)で測定したところ、ほぼ1万8000年前(較正年代)という値が出たのだ。また、人骨包含層を熱ルミネッセンス法と赤外線励起ルミネッセンス法という2つの測定法で測った値は、3万5000年前から1万4000年前となり、放射性炭素年代値を裏付けた。

さらにモーウッドらは、別の測定法でも、年代を確かめている。先の第三小臼歯は、LB1の下顎第三小臼歯と同じ特徴を持つが、その出土層は不整合面の下となり、それを覆う石灰岩の沈積したフローストーンのウラン系列年代は3万7700年前と出た。加えて、同じセクターIVの深さ4.5mの所にあった絶滅した古代ゾウであるステゴドンの臼歯が、電子スピン共鳴法/ウラン系列法で7万4000年前と測定された。種を特定できないが、ホミニンの骨は、この層から下のさらに深い7.5mの層との間からも見つかっていて、熱ルミネッセンス法で最大限9万5000年前まで遡れるという。それらの1つである前記橈骨も仮にホモ・フロレシエンシスに属すると考えれば、この人類の始まりはさらに古くなり、進化系統を考える際の重要な要素となる。いずれにしろ、こうした複数の年代結果から、LB1の若い年代は、疑いないことになった。

4　ジャワ原人との強い類似性

ところが、子どものように小さいのに、LB1個体は成人なのだ。このことは、歯がすべて萌出し終わり、しかも摩耗も進み、さらに骨端が骨幹と癒合している点などから明らかだ。チームで形態分析を担当した人類学者のブラウンは、年齢を約30歳と推定した。腰の骨の大座骨切痕の形から、この個体が女性と推定されることを割り引いても、手のひらに載るほどにこの頭蓋は小さい。

際だつ低身長と脳容量の小ささから、年代の若さを度外視すれば、100倍も古いアウストラロピテクスと見てもおかしくない。だが骨の諸特徴を観察していくと、それらはLB1が現生人類（ホモ・サピエンス）の含まれるホモ属であることを明瞭に指し示す。まず、咀嚼機能の大幅な減弱が挙げられる。大臼歯が小さく、顔面が突出せず脳の下に納まっている。また頭蓋底部が屈曲している。脳頭蓋上部の骨壁も、アウストラロピテクスよりも厚く、ホモ・エレクトスとホモ・サピエンスに類似する。

これらは、進化に伴って現れた派生的特徴だが、だからと言って、一気にホモ・サピエンスとまで言えるわけではない。確かにLB1の時代には、後述するようにすでにオーストラリアにホモ・サピエンスが暮らしていた。しかし脳頭蓋は低く、眼窩上隆起はピテカントロプス（ホモ・エレクトス）のような１本の骨稜ではない２連アーチ状を形成し、頭蓋最大幅は下方に位置する。したがってこの頭蓋を後ろから見ると、ホモ・サピエンスのような五角形でなく、半球状になっている。下顎の出っ張りである頤もない。さらに弱いながらも矢状稜（頭頂のとさか状の高まり）も見られ、乳様突起（耳の後ろの隆起した骨）は小さく、その下にある乳突傍隆起は大きい。こうした一連の特徴は、LB1がホモ・サピエンスと異なることを明らかに示すものだ。インドネシアの古人類学者とピテカントロプスで共同研究の実績を積み上げ、フロレシエンシスの実物も見ている国立科学博物館人類研究部長の馬場悠男氏も、むしろ議論するとすればホモ・エレクトスとどう違うのかということだろう、と指摘する。

年代的に若くても、地理的位置から見て、はるかに古いピテカントロプスとの類縁関係を容易に想定できる。なおピテカントロプスの古い個体では、180万年前にも遡るものがあるとされる。事実、米のスーザン・アントンのように「形態上はホモ・エレクトスとほとんど区別できない」とする研究者もいる。ホモ・サピエンスとの違いとして挙げた前記の諸特徴は、そのままホモ・エレクトスに当てはまるのだ。

5　脳はジャワ原人の半分以下

それにもかかわらず、ブラウンらが新発見の骨を新種にしたのは、何よりも脳と身長がホモ・エレクトスの仲間とは考えられないほど小さいからだ。ジャワのピテカントロプスの平均脳容量は約900ccだから（体長は1.5mほど）、LB1はその半分にも満たない。さらに後述する後期ホモ・エレクトスであるソロ人になると、脳容量は約1200ccにも達する。LB1が、J・R・R・トールキンの『指輪物語』に登場する小人族にちなんで「ホビット」と愛称されたのも肯ける。

なお低身長は、LB1個体だけの特殊性ではないようだ。前述した成人左橈骨も長さ210㎜と小さい。これも、推定身長は1mほどだという。また論文発表後に第2の下顎骨が発見されたが、これも大きさや形態がLB1と同じだとされる。

ブラウンらは、LB1が小型であることについて、現生の低身長集団ピグミーの一種、あるいは小頭症患者という可能性も検討し、いずれでもないことを『ネイチャー』論文に明記した。前者については、低身長であっても脳容量は普通の身長の近隣集団とほぼ同サイズとなり、頭蓋－顔面プロポーションも近隣集団の幅の中に納まるからだし、後者に関しては小頭症の諸特徴がLB1に認められなかったから、としている。なおアジア、アフリカ、メラネシアの熱帯雨林帯に分布するピグミーは、低身長と言っても1.4mほどはあり、LB1の推定値よりも大きい。彼らが低身長なのは、普通なら思春期に見られる成長のスパートがないからだが（低身長は高温多湿の熱帯雨林環境への適応とされる)、その一方で脳はピグミーを含むすべての現生人類で誕生後１年で成人近くに大きくなるので、身長ほどに小さくはない。事実、『サイエンス』電子版で研究試料に用いられたピグミー個体の脳容量は1249ccあり、現生人類の平均値1350ccと遜色ない。

このようにピグミーの例のように、一般に種内の脳容量は、体格に応じて確かに縮小はするけれども、たとえば身長が３分の２になったからと言って、脳も３分の２になることはありえない。縮小度は、ずっと緩やかなのである。これは、負のアロメトリー（相対成長）の例と言える。

6　否定される小頭症という反論

予測される異論を論文で否定していても、ホモ・フロレシエンシスの発見と種設定は、本章冒頭に書いたように古人類学の常識を裏切るものだっただけに、強い反論を呼んだ。インドネシア古人類学界の大御所でジョクヤカルタ、カジャマダ大のテウク・ヤコブは、さっそくメディアのインタビューで、LB1は新種ではなく現生人類に含まれる別亜種にすぎない、と反論した。

小頭症の可能性を論じる主張は、古病理学の角度からも出された。『ネイチャー』発表直後に、オーストラリア、アデレード大の古人類学者M・ヘネバーグは、地元紙のインタビューに対し、LB1を4000年前（ミノア文明期）のクレタ島の成人男性小頭症頭蓋と比較し、脳頭蓋と顔面の15の計測値で両者を統計的に区別できず、LB1は小頭症のホモ・サピエンスという立場を示した。その後に論旨の詳細は、共同執筆者に多地域進化説主唱者の1人であるオーストラリアの古人類学者アラン・ソーンも加わって、オンライン版学術論文集「*Before Farming*」で明らかにされた。ヘネバーグらが小頭症を考えた根拠の1つは、ホモ・サピエンスの製作した可能性を排除できない石器の存在だ。LB1は、普通のホモ・サピエンス集団の中の病的な特殊な個体というわけだ。

ただ、小頭症患者が厳しい生活環境だった旧石器時代に、30歳くらいまで生き延びられたのかどうか懐疑的な見方が強い。小頭症にあっては、知能の発達遅滞を免れないからだ。古病理学を専門の1つとする東京都老人総合研究所副所長の鈴木隆雄氏も、その意見だ。鈴木氏は、アメリカのスミソニアン研究所で1例だけ小頭症の頭蓋を見たことがあるが、これまで見てきた万に達する日本の古人骨では縄文人も含めて実物を観察したことがない、と語る。稀に生まれたとしても、遺跡に残るほど長期には生存できなかったと考えられる。ただ皆無というわけではなく、鈴木氏によると、今から80年前に千葉県佐野洞窟で発掘された弥生時代初期の成人男性頭蓋に唯一の報告例があるが、それでも730ccあったという。この非常に希少な例にしても、脳はLB1の倍に近い。

なお小頭症の可能性については、後述する米フロリダ大のディーン・フォークらによる『サイエンス』電子版での論文でもあらためて否定されることになる。

7　サピエンス的な行動面

フロレシエンシスの発見で、もう1つ驚かされるのは、ホモ・サピエンスの3分の1という小さな脳にもかかわらず（当然にサピエンスよりも賢くなかったとの推定が導き出される)、優れた生活文化と洗練された石器の伴ったことが考古学的に検出された点だ。リアン・ブア洞窟には、様々な魚類、カエル、カメ、鳥類、コモドオオトカゲなどの骨が見つかっているが、その一部は火を受けていて、調理されていたらしいという。

動物骨で目立つのは、絶滅ゾウの小型ステゴドンの骨で、LB1の出たセクターⅦでは少なくとも9個体、セクターⅣでは少なくとも17個体分が見つかった。大半の個体は若齢個体だったので、モーウッドらは、フロレシエンシスが選択的な狩猟を行っていた、と推定している。だとすれば、ホモ・サピエンス並みの優れた組織力、コミュニケーション能力の存在を物語るものだろう。ステゴドンが体高1.2mほどの超小型であるにしても、ゾウが狩猟された明確な証拠は、これまでサピエンスにしか伴っていない。スペインのトラルバ、アンブローナ両遺跡（30～40万年前ころか？）でホモ・ハイデルベルゲンシスによってアンティクウスゾウが狩猟されたとするかつての考えは、現在では懐疑的に見られている。

石器は、どうだろうか。モーウッドらによると、LB1と同一層で石器の出土は32点のみだったが、セクターⅣのフロレシエンシスと同一層では1m³当たり5500点を超す石器の密集があった。大半は単純な剝片だが、ステゴドンに伴ってのみ、尖頭器、細石刃（microblade)、大型石刃（macroblade)、穿孔器などの定型的な石器が出たという（図27)。額面通りに受け取れば、これらはホモ・サピエンスの製作した上部旧石器的要素そのものである。

類例は、あるのだろうか。東南アジア考古学に詳しい東京大学大学院教授の今村啓爾氏によると、東南アジア大陸部では少ないものの、島嶼部では縦長剝片石器がかなり見られ、例えば石刃に近い石器は、セレベスのリーング洞窟（3万～1万7000年前）やボルネオのハゴップビロ岩

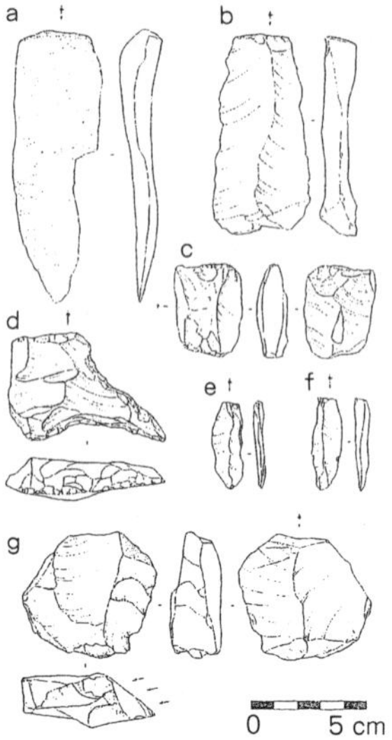

図27　ホモ・フロレシエンシスに伴った石器。
ａ、ｂは石刃、ｃは両端から打ち欠かれた石核、ｄは穿孔器、ｅ、ｆは細石刃、ｇは彫器。『ネイチャー』2004年10月28日号より

陰でも１万7000～１万2000年前で出土しているという。また、奈良文化財研究所の加藤真二氏によると、中国広西チワン族自治区の白蓮洞のさらに古い３万7000年前ころの層位からも石刃に近い石器が見つかるという。粗雑な石器文化と異なる、おそらくはホモ・サピエンスの作ったと思われる剝片石器文化が、東南アジア一帯に広がっていたので、リアン・ブア洞窟に前記の石器が見つかってもおかしくはないようだ。

ただヨーロッパや日本で確認されているような、確立された製作技法としてこうした洗練された石刃や細石刃が作られていたのかどうかは不明だ。リアン・ブアの洗練された石器が、全出土石器群のうちどれくらい占めるのか、明確でないからだ。適当な素材さえあれば、たまたま偶然にそれらに似た石器ができることはありえる、と両氏とも指摘する。

石器に関しては、モーウッドらの立論には保留すべき論点があるのは確かなようだが、それでも縦長剝片の石器、ゾウの狩猟、火を使った調理といった行動は、極小の脳を持った人類という姿と、どうしてもそぐわない。LB1に埋葬の証拠の伴わないことから、これらの考古学的遺物は実は現生人類ホモ・サピエンスの残したもので、フロレシエンシスの骨は偶然に紛れ込んだとの推定も可能だが、それにしては洞窟の厚い堆積の上下からフロレシエンシスと見られる骨が一貫して発見されるのに、サピエンスの骨が１点も見つからないのは、その可能性を限りなく弱め

ている。

8　小さくても発達した脳の形

こうした中で、様々なフロレシエンシス批判に応えたのが、LB1の脳の型（頭蓋内鋳型）をバーチャル復元したフォークらの報告だった。LB1の頭蓋は極めて脆く、中にラテックスを注入して頭蓋内鋳型を作るという通常の作業ができなかったので、フォークらはジャカルタの病院でCTスキャンをして研究に用いた。このバーチャル復元脳を、やはりコンピューターで三次元復元したメスの成体チンパンジー、成人女性ホモ・エレクトス（周口店XI号）、現代人女性、小頭症のヨーロッパ人と比較した。資料を補うために、さらに多数の現代人、チンパンジーとゴリラ、ホモ・エレクトス（周口店化石群とトリニール2号）、アウストラロピテクス・アフリカヌス（Sts 5）、パラントロプス・エチオピクス（WT 17000＝ブラック・スカル）、成人ピグミー女性のそれぞれの頭蓋内鋳型とも比較された。なお『ネイチャー』の初報告で380ccとされた脳容量は、この報告では417ccに変更されている。

バーチャル頭蓋内鋳型をLB1の417ccというサイズに揃えて比較すると、まず明らかになったのは、形態がLB1に最も似ていたのは側面観が長くて低い周口店XI号だったことだ。反対に最も異なっていたのが、小頭症例だった。フォークらは、LB1が病的な小頭症患者だったことを否定した。

また頭蓋内鋳型の長さ、幅、高さ、前頭葉幅を測定し、その値を基に6つの比を使って統計的に比べると、LB1はホモ・エレクトスのグループに含まれ、ホモ・サピエンスやアウストラロピテクス・アフリカヌス、そして現代ピグミーとも異なることが明らかになった。またLB1の脳／身体比は、アウストラロピテクス並みだが、ピグミーは、前述のように低身長の一方でそれほどには脳は小さくなっていないので、脳／身体比は近隣現生集団よりむしろやや大きくなっていて、この点でもLB1と明確に異なっていた。こうした理由でフォークらは、LB1が現代人ピグミーだとする説も一蹴した。

結論としてフォークらは、LB1のよく発達した脳回のある脳は、サピエンスのミニチュア版でもエレクトスの小型版でもないが、エレクトスとよく似ている事実は、両者が系統的に関係のあったことを強く推定させる、と述べている。

このようにLB1はホモ・エレクトスと類似するが、一方で前頭葉と側頭葉にはっきりした派生的特徴を備えていた。側頭葉は極めて大きく、前頭葉もひだのある、大きな脳回を備えていた。『サイエンス』誌の「ニュース」欄の記者インタビューに対し、フォークは、LB1は前頭葉に2つの大きな脳回を持つが、そのような特徴を絶滅化石人類ではまだ見たことがない、と答えている。側頭葉と前頭葉のこうした派生的特徴は、フロレシエンシスの認知能力がエレクトスよりも優れていたことを物語るものだという。小さな脳とその原始的な形態にもかかわらず、フロレシエンシスが進んだ文化を営めたことを、この分析は裏付けるものなのかもしれない。

人類出現以来、脳は400万年間もさほど変化を見せず、目に見えて拡大を始めるのは、250万年前以降のホモ属の登場からだ。そして1つの例外、すなわちホモ・グルジクスを除いて、時間とともに一貫して大きくなっている。脳の拡大は、文化の洗練化を通じて、ヒトの生存に重要な淘汰要因となっていたことが分かる。そして化石からはうかがえないけれども、膨張とともに、脳内神経の配線もそれだけ複雑化・洗練化してきたのだろう。その後に、何らかの理由で極端に脳を縮小させても、いったん出来上がった脳内構造は維持されたと考えられる。そうなれば、脳の大きさそのものはさほどの問題でなくなる。その証拠に、現代人の健常者でも、脳の大きさに1000～2000ccもの幅がある。フランスの作家アナトール・フランスの脳は、1000ccしかなかったのは有名な話だ。小頭症は、その変異から大きく外れた極めて稀な疾病例に過ぎない。また後述するように、島という閉鎖された環境では、脳の縮小は適応的でさえあったかもしれない。

そう考えると、LB1が洗練された要素を含む石器を作り、ゾウ狩っていたとしても、不思議ではないのだろう。

9　海で隔離された末に小型化

では、なぜフロレシエンシスは、小さくなったのだろうか。その答えとして、ブラウンらは、「島嶼化」を挙げる。島嶼化とは、狭い孤島（フローレス島の面積は約1万4000㎢）に長期間閉じ込められると、大型哺乳類は小型化するという現象だ。島では、食資源の質と量に制約がある半面、捕食圧が弱まり、競争者も少ないから、低消費エネルギーの個体の方が自然淘汰の上で有利に働く。しかも、遺伝的交流を絶たれた長期の隔離では、ポピュレーション・サイズが小さいために遺伝的浮動も起こりやすく、この形質が固定されやすい。

フローレス島は、海水が厚い氷床として大陸に蓄積され、海面が100m前後低下した氷河時代でも、アジアと陸続きになることは決してなかった。氷河期にアジアと一体化して広大なスンダランドの一部を形成したジャワ島と、環境は全く異なる。ジャワ島のピテカントロプスは、スンダランドに展開して、アジアと自由に遺伝子交換を行えた。それに対し、スンダランドからフローレス島までに、氷河期でも3つの海峡が横たわっていて、最短化した時にあっても19kmもの海の障壁が立ちはだかっていたとされる。ちなみに、フローレス島のずっと西にあるロンボク島と

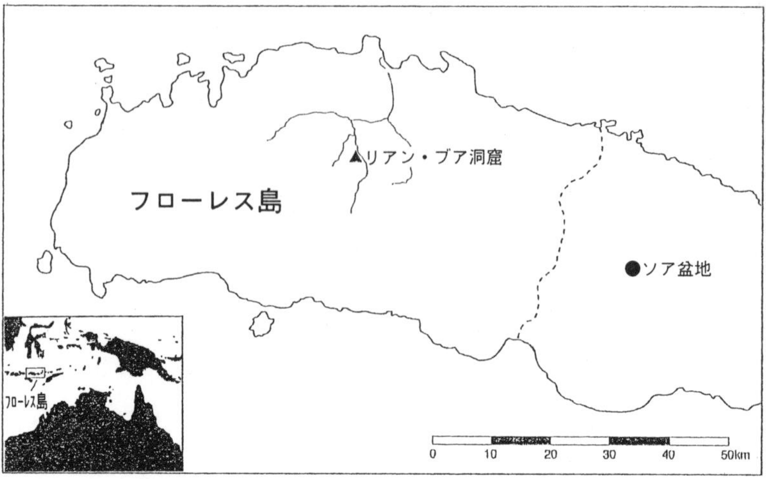

図28　フローレス島西部とリアン・ブア洞窟の位置

さらにその西に位置するバリ島との間を隔てるロンボク海峡の最深部は1189mもあり、過去、この海峡が東西の動物群の往来を妨げていた。この障壁が、生物地理学的な境界線として有名なウォーレス線である。

つまり、アジアからフローレス島に渡るには、何らかの航海手段を使うか、泳いで渡るしかなかった。前者の例が人類で、後者がヒトに狩られたステゴドンと考えられる。ただ、いったん渡っても、海が障壁であり続けることには変わりがない。島外との交流は、自ずと制約され、島嶼化が起こる。

10　80万年前頃、海を渡ったジャワ原人

これで思い出されるのは、1998年に同じモーウッドらが『ネイチャー』に報告した同島ソア盆地、マタ・メンゲ遺跡から出土した粗雑な石器群の存在だ。フッィション・トラック年代で、88万～80万年前と推定された。

ソア盆地は、リアン・ブア洞窟の約50km東方にある（図28）。人骨こ

そ発見されなかったものの、石器を残したのは、年代的にピテカントロプスしか考えられず、貧弱な文化しか持たなかったホモ・エレクトスが外洋航海を行ったことに、当時は驚きをもって受けとめられた。ただその一方で、報告は懐疑の念でも迎えられた。１つは、それが本当に石器であるのかということ（自然石か人工品か、初歩的「石器」の発表で常に論争の的になる)、もう１つはその推定年代が妥当かどうか、だ。石器としても、それが古い地層に嵌入したものかもしれない。

ただ、『ネイチャー』06年６月１日号で、オーストラリア国立大のアダム・ブルンらは、同じマタ・メンゲ遺跡で、やはり88万～80万年前とフィッション・トラック年代測定された487点にのぼる追加石器群が発見された、とする報告論文を載せ、再確認している。また石器テクノロジーの面で、これらにはリアン・ブア石器群との連続性が認められるとしている。これを類例の発見だとすれば、マタ・メンゲに人類の存在を想定してもよいのかもしれない。

フロレシエンシスの発見は、マタ・メンゲの信憑性を強めるとともに、今となってみるとエレクトスの小集団がフローレス島で島嶼化のプロセスを経て、フロレシエンシスへと進化した蓋然性の裏付けともなる。ただしピテカントロプスが単純な航海手段を使って海を渡ったとしても、その実態は一過性、一方通行であって、頻繁な交流を繰り返したものではなかったのだ。

11　世界各地で島嶼化の例

島嶼化の典型例に、陸獣最大のゾウがある。リアン・ブア洞窟の小型ステゴドンがまさにそうだが、これに関連して先のラールらは、シチリアやマルタの絶滅ゾウであるエレファス・ファルコネリは、たった5000年間で体高４ｍから１ｍにまで矮小化した、と指摘している。

地中海の島の例だけでなく、ゾウの島嶼化の例は、世界各地で見られる。

例えば米カリフォルニア沖約30㎞にあるサンタ・バーバラ諸島は、米大陸と陸続きになったことはないと考えられている。そこには大陸にいた絶滅肉食獣の剣歯トラはもちろん、クマもナカケモノもいなかったからだ。この隔離された環境に、マンモス（シベリア産マンモスとは種が異なる）だけが渡っていた。ロサンゼルスにあるランチョ・ラ・ブレア瀝青沈殿層で確認されている38種の絶滅哺乳類と爬虫類のうち、マンモスのみが海を渡れたのだ。ゾウは泳ぎがうまく、現代でも海を泳ぐゾウの多数の目撃例がある。それでも北米大陸と自由往来はできなかったので、長い隔離の末に島嶼化が起こり、実際に体高約1.5ｍと大陸の同種の半分に小型化した。

なお島嶼化と関連して付言すれば、05年の愛知万博でも人気展示となったマンモスは、１万年前ころまでに新旧両大陸ですべて絶滅したと一般に見られているが、最近ではかなり新しい時代まで生き延びていたことが明らかになっている。シベリア沖の北極海に浮かぶウランゲリ島で、牙や骨を試料に新しいものでは3730年前と年代測定されたマンモス遺体が見つかっているのだ。マンモス絶滅の原因としては、氷河期の終結による環境変動という自然要因も考えられているが、人間の狩猟によって絶滅に追いやられたという説もある（「オーバーキル」説）。それを裏付けるように、この極北の島にはヒトの住んだ証拠がない。ヒトの捕食を免れ、地球規模の海面上昇で１万2000年前ころにはシベリアから隔離されたウランゲリ島で、マンモスは生き延びていた。そしてここでもマンモスは、体高1.8ｍほどに縮小していた。

フロレシエンシスの発見は、年代の新しいヒトもまた大型哺乳類の島嶼化の例外でなかったことを強く印象付けた。そして、島嶼化の淘汰圧は、脳サイズにこそ強く表れることも明らかになった。脳は体重の

2％を占めるだけなのに、全代謝エネルギーの20％も消費する大変な「浪費家」器官だ。不都合さえなければ、食資源の貧弱な島でエネルギーを節約するのに、脳を縮小させることこそ適応的である。

実は日本でも、弱い島嶼化の例と言えなくもない人骨が見つかっている。例えば、沖縄本島の港川遺跡の港川1号（男性）と同4号（女性）両骨格である。年代は、古いものでも1万8000年前ころと推定され、東アジアでも第一級の完全なホモ・サピエンス化石である。それぞれの脳容積と復元身長は、1号が1390cc、1.53m、4号が1090cc、1.43mしかなかった。島嶼化は、もっと後世にも起こっていたようで、九州大学教授の中橋孝博氏の『日本人の起源』（講談社）によれば、鹿児島県種子島南端の弥生時代から古墳時代にかけての広田遺跡の人骨群も低身長で、男性で1.54m、女性で1.43mと、本土の同時代人よりかなり小さいという。

12　ホモ属の環境適応力と多様性を示す

フロレシエンシスで明らかになった知識は多いが、その1つはブラウンらも指摘しているように、ホモ属の驚くべき環境適応力と多様性だろう。

その一端は、フロレシエンシスよりはるかに古いドマニシのホモ・グルジクス化石にも見られたことは既に述べた。02年7月に発表されたD2700号頭蓋脳容量は、同時代者でドマニシ人の母体となったアフリカのホモ・エルガスター（ホモ・エレクトス）よりもずっと小さい600ccだった。これも、アフリカ外の新天地へのホモ属の適応現象と見ることができるかもしれない。今回のフロレシエンシスの発見は、最も極端な形でもう1つの実例を示したことになる。

次に興味深いのは、フロレシエンシスの系統関係である。素直に考えれば、ブラウンやフォークらが指摘するように、ピテカントロプスの子孫ということになるのだろう。前述したように、現生人類ホモ・サピエンスとは形態的にあまりにも違いすぎて、いくらサピエンス的な石器・行動があったにしろ、ホモ・サピエンスとの何らかの系統関係を想定することはできそうもないからだ。人類種と石器文化とが直接に関係しないのは、本来はホモ・サピエンスの文化である石刃技法と装身具で構成されるシャテルペロン文化を持った最末期のフランスのネアンデルタール人例や、逆にネアンデルタール人の石器文化と考えられていたムスチエ文化を備えたイスラエルのカフゼー、スフール両洞窟の早期ホモ・サピエンスの例を挙げただけでも明らかだ。

フロレシエンシスとサピエンスが系統的に無関係だった証拠に、フローレス島よりさらに東方のオーストラリアに、LB1の年代より古い時代にすでにホモ・サピエンスが居住していたという事実がある。氷河時代に、オーストラリアはニューギニアと一体化して広大なサフル大陸を形成していたが、西方のフローレス島の場合と同様に、スンダランドと陸続きになることはなかった。そのオーストラリア南西部のレイク・マンゴー遺跡で、明白なホモ・サピエンス化石が発見されているのだ。

1968年に発見された世界最古の火葬例であるレイク・マンゴー1号は当初2万6500年～2万4500年前、74年に見つかった同3号は3万1000年前の年代が与えられていた。これらの年代は、その後、たびたび改訂され、一時期は6万2000年前にまで遡るとされたこともあるが、最近になって『ネイチャー』で約4万年前と発表され、どうやらそれに落ち着きそうである。報告者のジム・バウラーらによると、同遺跡のヒトの居住は5万～4万6000年前までさかのぼる可能性もあるという。したがって遅くとも4.5万年前にはホモ・サピエンスが海を渡って、サフル大陸に到達していたことは間違いないだろう。

こうした事実をつないでいくと、オーストラリアに渡洋したホモ・サピエンスは、途中のフローレス島で先住のフロレシエンシスと遭遇していた可能性も想定できるかもしれない。両者が遭遇したとすれば、その出会いはどのようなものだったのだろうか、ただ想像するしかない。

13　東南アジアでも多地域進化説にとどめ

それどころかホモ・サピエンスはジャワで、まだ生き残っていた後期ホモ・エレクトスとも出会っていた可能性さえある。かつて1996年末の『サイエンス』で、米のカール・スウィッシャーらは後期ホモ・エレクトスであるソロ人の測定年代を５万3300～２万7000年前と発表し、それまでの30万～15万年前ころという年代観を大幅に引き下げ、大きな論議を呼んだ。この年代は、ソロ人の埋まっていた層と思われる地層から出たウシ科動物の歯の年代を測ったもので、あまりにも新しい数値を出したこともあり、ソロ人の新年代に異議を唱える研究者も多い。だがフロレシエンシスの発見を見た現在、あらためてこの年代を見つめ直してもいいかもしれない。

フロレシエンシスの発見の意義を紹介する『ネイチャー』短信欄で、ラールらは、この発見がミルフォード・ウォルポフ、アラン・ソーンらによって提唱される多地域進化説の「棺に最後の釘を打つ」ものとなるだろう、と論評した。フロレシエンシスがサピエンスと同時代者だったのは明らかなのだから、この発見は多地域進化説の最後の拠り所である東南アジアでも同説の成り立たないことを明白にした。ソーンがヘネバーグと連名でホモ・サピエンスの小頭症例としてフロレシエンシスに反論しているのも、その脈絡で考えれば当然なのだろう。またヤコブの反論も、科学的側面より別の思惑からのもの、と学界からは受け止められている。

14　追加発見で確実化したホモ・フロレシエンシスの存在

ホモ・フロレシエンシスの存在は、翌年の発掘調査による追加発見で、小頭症説もピグミー説も、最終的に葬り去られた。

04年、同じオーストラリア・インドネシア共同調査同チームは、前年に続いて同洞窟で発掘調査を行い、前年に掘り残したLB1の右腕（上腕骨、橈骨、尺骨）を回収したほか、第2の成人下顎骨（LB6/1）、成人右脛骨（LB8）を含む他個体の骨を追加発見したのだ。この成果は、05年10月13日号の『ネイチャー』に発表され、フロレシエンシスの存在を完璧に打ち固めた。

報告によると、発掘したセクターⅣ、同Ⅶ、同Ⅺで、全部で少なくともフロレシエンシスは9個体分に達するという。また下顎骨や体肢骨のヒトの骨とともに、石核、剥離砕片、二次加工のある剥片を含む密集した石器群、カットマーク付きのステゴドンの骨、焼けた骨や熱でひびの入った岩片なども見つけ、火を使った痕跡なども再確認した。

この報告の注目点は、前述したようにホモ・フロレシエンシス批判に対する具体的な反証例が見つかったことだろう。

まず下顎骨LB6/1には、前年のLB1頭蓋でも注目されたように、頤《おとがい》がなかった。サイズは小さいが、形態は東アフリカの早期ホモ・エレクトスやドマニシのグルジクスにそっくりだという。頤のない個体が2つ揃ったことで、これは集団としての形質であり、したがってリアン・ブア標本が現生ホモ・サピエンスではないことを確かなものにした。新発見のLB6/1は、LB1よりもさらにいくぶんか小型だったが、サイズ、形態ともLB1によく似ているという。ちなみにLB6/1は1万5000年前ころで、LB1骨格よりも、さらに3000年若い。

右脛骨LB8は、LB1と同一層位で発見されたが、これまた極端に小さい。LB1の235㎜に対し、最大長はわずか216㎜だ。それでも掲載された写真を見ると骨は頑丈で、現生ピグミーに比べて極めて強大な筋肉が付いていたことを想像させる。頑丈であるのは、新発見のLB1の右上腕骨も同じで、写真で見ると頑丈そのものである。

LB8の身長を、脛骨長から考え、LB1より低身長だと見られる。現生ピグミー男性を基に推定すると、LB8もやはり低身長で、推定身長は1.09mと導き出された。なおLB1の推定身長は、前述したように1.06mという値があるが、こちらは大腿骨を用いたものだから、若干の食い違いが生じるのはやむをえない。ただ、大腿骨に基づいた身長推定の方が、より正確だとされる。いずれにしろLB1に続いて、LB8という低身長個体が見つかったのだから、これは個体差ではなく、種としての特徴だと考えた方が合理的なのは明らかである。

調査チームは、批判への明確な反論を意識して、完新世の堆積層にはホモ・サピエンスの骨が見られるのに対し、更新世堆積層からは1点も現生人類化石が見つかっていない事実も指摘している。こうした事実から、現生ピグミー説や小頭症患者説は、ほぼ葬られたと言えるだろう。

なお最上部のヒト化石はセクターXIの子どもの小橈骨で、完新世由来の火山灰シルト層の直下にあり、セクターVII由来の試料で較正年代1万3100年前と測定された層の40㎝上位にあった。ここから同チームは、この橈骨の年代を1万2000年前と推定し、これがホモ・フロレシエンシスの上限とした。ホモ・フロレシエンシスは、日本で言えば縄文時代の草創期から早期初めに相当するころまで生き延びていたのである。このころに、大規模な火山噴火があったらしく、それによってステゴドンともどもホモ・フロレシエンシスは絶滅したと考えられている。

また他の骨では、9万5000年前になるものもあることから、その下限は後期更新世初頭まで下がることになった。石器から、80万年前ころにフローレス島にホモ・エレクトスが渡ってきたと思われるので、まだどこか他の場所にその間の化石が埋まっているのだろう。

旧世界の最果ての東南端で、新しく見れば1万2000年前までホモ・エレクトスの子孫が生き残り、あるいはホモ・サピエンスと同時代の時を過ごしていたのだ。一方でジャワでは、後期ホモ・エレクトスが、ホモ・サピエンスと共存していたのかもしれない。

ユーラシアの西端、最果ての西ヨーロッパでも、おそらく2万5000年前ころまでネアンデルタール人がホモ・サピエンスと共存していたことが、ここであらためて思い出される。現在、66億人を数える現生人類ホモ・サピエンスにより地球が覆い尽くされたのは、人類史の上ではつい最近のことに過ぎなかった。それがあらためて確認されたのも、フロレシエンシス発見の重要な意義の1つだろう。

そのフロレシエンシスは、火山噴火のためと思われる理由で、最終的に1万2000年前ころに絶滅した。このころ、ホモ・サピエンスは、ベーリンジアをへて新大陸にも渡り、一部ははるか南米南端にまで達していた。フロレシエンシスの絶滅により、サピエンスは地球唯一の「孤独な」ホモ属になったのである。

追　記

原稿執筆後、ホモ・フロレシエンシスの解剖学的研究成果が『サイエンス』9月21日号に載った。

米・インドネシア・オーストラリアの共同研究チームが、03年発見のLB1の手首の骨3点を分析したもので、アフリカ産の類人猿と猿人の系統に連なる特徴が認められる一方、ネアンデルタール人や現生人類に見られる派生的特徴は見られなかった。この事実から、研究チームはLB1は現生人類の病的個体でも成長遅滞を起こした個体でもなく、ネアンデルタール人・現生人類などが分岐する以前の古い系統の子孫であることが判明した、と指摘している。

あとがき

今年8月に新書館という書肆から『最初のヒト（アン・ギボンズ原著）』という訳書を出した。アン・ギボンズ女史が原著を書き終えたのは、内容から判断して、2005年半ばと想像できるが、その後も毎年、年に3件前後の古人類学に関しての重要発表がなされており、このそのために同書の「訳者あとがき」で、人類起源に絞って19ページにわたってその後の発表要旨を紹介した。

本書は、筆者が今春まで在籍した朝日新聞社総合研究本部（現・ジャーナリスト学校）で刊行されている「朝日総研リポート」（後、「AIR21」に改題）に、2003年から不定期に発表した調査報告をベースに、最新情報を加味して大幅に書き換え、改訂したものだ。さほど古いリポートではないはずなのに、見直してみると、記述内容が相当に古くなっていることに気づき、けっきょく大幅に加筆訂正を余儀なくされた。冒頭の訳者あとがきに述べた一部も、さらに要約して本書に反映させた。あらためてこの学問の近年の急速な進歩を痛感させられた。

それでも、原稿を同成社編集部に提出してから、大きなリポート2つに接した。1つは、エチオピアでティム・ホワイトらと長年調査活動をしている諏訪元・東大教授の発表したゴリラの祖先の歯の発見であり、こちらは第1章末に追記して突っ込んだ。

もう1つの発表は、ミーヴ・リーキーたちケニア国立博物館チームが主体となり、イギリスのフレッド・スプアを筆頭者に『ネイチャー』8月9日号に報告された「ホモ属2種」新化石を見つけ、両者の同時・同所的共存を証明した発見である。こちらは、本文に盛り込みきれなかったので、あらためてこの欄を借りて、意義を述べたい。

新化石は、ケニア国立博物館チームがフィールドにするツルカナ湖東岸イルレットで、いずれも2000年に発見された。実はこの発表に接した時、ケニア国立博物館は西岸のカナポイに調査を移しているとばかり思っていたので、やや意外感を抱いたものだ。報告を読み、その中にリチャード・リーキーとミーヴ・リーキー夫妻の長女ルイーズの名前を見て、ルイーズの率いる「クービ・フォラ調査計画」がなしとげた発見、と納得がいった。祖父ルイス・祖母メアリー（いずれも故人）に始まり、次男リチャード、その妻のミーヴに受け継がれたDNAは、その娘のルイーズにも確実に受け渡されていた。3代にわたって受け継がれる古人類学調査史は、ルイスがケニアで初めて考古学調査を始めてから81年になる2007年時点でもさらに新しいページの書き加えられていることに驚く。

それはさておき、それまで漠然と想定されていたことではあるが、スプアらがホモ・エレクトスとホモ・ハビリスが狭いツルカナ湖盆で共存していたことを化石によって実証した意義は大きい（論文中では「ホモ・エルガスター」という呼称は用いられず、リーキー家伝統に従い「ホモ・エレクトス」という種名が、またその原始性から「アウストラロピテクス」に組み入れられる意見が有力なハビリスが「ホモ・ハビリス」と、それぞれ呼称されている）。

まず最初に論文中で紹介された顔面を欠くものの完全に近いホモ・エレクトス脳頭蓋KNM-ER42700により、ホモ・エレクトスという種の多様性の大きいことにあらためて浮き彫りにされた。この若者個体（頭蓋の癒合は3分の2程度に進んでいる）は、成人しているのにCTで測った脳容量はたった691ccしかなかった。眼窩上隆起は薄く、後頭隆起も見られず、脳頭蓋の頭骨壁は薄い。矢状稜も見られる。脳容量の小ささなども含めた全体的サイズはホモ・ハビリスに似る。にもかかわらず、脳頭蓋の10個の計測値を主成分分析すると、ER42700は、ホモ・エレクトスの分布内に納まり、ハビリスや「ホモ・ルドルフェンシス」(こちらは「ケニアンピテクス・ルドルフェンシス」と呼称されることが多い)とは遠いことがわかった。

注目すべきは、ER42700の年代で、「エリア1」で原位置で見つかったものだが(表面採集ではない)、アルゴン－アルゴン法で154万年前と年代推定される火山灰層の1.5m下にあり、161万年前と推定される別の火山灰層よりはるか上部に位置した。ここから、155万年前と推定された。これまでに明確にホモ・エレクトスとわかる確かな年代を持つ最古の個体は、190万年前のER2591であり、年代の若いアフリカ産エレクトスは、OH12やダカ標本の100万年前ほどだった。ちなみに有名な「ツルカナ・ボーイ」(KNM-WT15000)は153万年前の年代が与えられているので、ER42700の年代に違和感はない。あるとすれば、9歳半の小児個体であったボーイの脳容量が880ccもあったという脳サイズの大きな差であろう。報告者らは、性的二型の大きさをも想定している。

次に、同じ年に見つかったKNM-ER42703は、犬歯から第三大臼歯までの歯の付いた右上顎骨片だった。エレクトスとハビリスでは、大臼歯の違いが大きく、第一から第三までの大臼歯で見る限り、ER42703はエレクトスではなく、ハビリスと判定された。ルドルフェンシスの持つ派生的特徴も認められなかった。同論文に載せられた大臼歯サイズの主成分分析のグラフで見ると、ER42703は完全にハビリス・グループの分布内に位置している。ちなみにハビリス・グループは、ドマニシも含めたエレクトス・グループとはかなり遠い別グループを形成している。

にもかかわらず、これこそこの報告の最大のサプライズなのだが、「エリア8」で発見されたER42703は、138万年前の火山灰層より下層になり、153万年前の火山灰層より上部に位置した。両層間との位置関係から、ハビリスとしか考えられないER42703は、144万年前という若い年代が与えられたのだ。もちろん層位的にも、ER42703はER42700よりもずっと上部の層から見つかっている。これによりハビリスとして、ER42703は最も若い個体ということになった。ちなみにこれまで最も若いハビリスとされたものは、OH13個体の165万年前であったから、20万年余も新しくなった。

これまでの両種の関係については、ハビリスが先行種であり、エレクトスはハビリスが向上進化したものとする考えもあった。実際、ハビリス的な化石の最古例は、ハダールのAL666標本の233万年前であり、初期ホモという印象が強い。しかし今回の発見で、狭いツルカナ湖盆で最短でも35万年間（ツルカナ湖東岸発見のエレクトスであるER3733頭蓋には180万年前の年代が与えられている）、おそらくは50万年間ほど、形態がかなり異なるホモ2種が共存していたことになり、向上進化はあり得ないことが明確になったと言える。報告者は、歯のサイズの違いから、両種のニッチェに違いがあった、と推定している。

この論文には触れられていなかったが、1976年にリチャード・リーキーたちは、クービ・フォラ出土のエレクトスER3733と頑丈型猿人であるパラントロプス・ボイセイER406が同時・同所的に棲息していたとする衝撃的報告を行い、人類はどの時代にもただ1種類しかいなかったとする「単一種仮説」を葬り去ったことを思い出す。つまりツルカナ湖盆には、ほぼ同時代にパラントロプスも暮らしていたのである。さらにルドルフェンシスもまだ生存していたと思われるので、おそらく160万年前ころという時代を切り取れば、ツルカナ湖盆には、4種ものホミニンが、多少の小競り合いはあったとしても平和裡に共存していたということになるだろう。

上記の事実を見て、イスラム原理主義テロリストが世界各地で非人道的な無差別テロを行い、人類のゆりかごであるアフリカで、例えばスーダンのダルフール地方で今も残酷なジェノサイドが行われていることを思えば、人類の進歩とは何なのか根本的な疑問にもとらえられるのである。

冒頭でも述べたが、本書は「朝日総研リポート」(後、「AIR21」に改題)に掲載した調査リポートが下敷きになっている。刊行にあたっては、初出論文末尾に付けておいた出典・注釈は、一般読者には入手困難な英文論文が大半だったので、すべて割愛させていただいた。

なお初出誌は、以下のとおりである。

・第1章 「最古の人類はどこ？」2003年6月号（162号）所収「人類の起源はいつまでさかのぼれるか」
・第2章 「その後の猿人とホモ属」同上
・第3章 「ホモ・サピエンスのアフリカ単一起源説の勝利」2004年6月号（169号）所収「盤石化するアフリカ単一起源説」
・第4章 「アフリカで遡る現代的行動の起源」2005年12月号（187号）所収「ホモ・サピエンス的行動はいつ始まったか」
・第5章 「書き換えられる『狩猟民』としてのネアンデルタール人復元像」2006年5月号（192号）所収「ネアンデルタール人発見150年上・『狩猟民』として見直し進む復元像」
・第6章 「自立的な発展だったのか？　末期ネアンデルタール人の選んだ途」2006年7月号（194号）所収「ネアンデルタール人発見150年下・後期欧州先住人類の選んだ途」
・第7章 「小さな脳の人類がもたらした大きな衝撃」2005年5月号(180号)所収同名リポート

また前述のように参考文献はすべて省略したが、日本語で入手できる書物のみ、以下に挙げておく。

エリック・トリンカウス、パット・シップマン、中島健訳『ネアンデルタール人』、青土社、1998年
イアン・タッタソール、河合信和訳『化石から知るヒトの進化』、三田出版会、

1998年
河合信和『ネアンデルタールと現代人』、文藝春秋社、1999年
アラン・ウォーカー、パット・シップマン、河合信和訳『人類進化の空白を探る』、朝日新聞社、2000年
クリストファー・ストリンガー、ロビン・マッキー、河合信和訳『出アフリカ記　人類の起源』、岩波書店、2001年
小野昭『打製骨器論』、東京大学出版会、2001年
イヴ・コパン、馬場悠男・奈良貴史訳『ルーシーの膝』、紀伊國屋書店、2002年
奈良貴史『ネアンデルタール人類のなぞ』、岩波書店、2003年
リチャード・G・クライン、ブレイク・エドガー、鈴木淑美訳『5万年前に人類に何が起きたか？』、新書館、2004年（注：初版は誤訳が多いので、改訂された2版を勧める）
内村直之『われら以外の人類』、朝日新聞社、2005年
海部陽介『人類がたどってきた道』、日本放送出版協会、2005年
中橋孝博『日本人の起源』、講談社、2005年
スティーヴン・マイズン、熊谷淳子訳『うたうネアンデルタール』、早川書房、2006年（注：この本では、原著者の名前を間違えて「ミズン」と表記しているので注意）
ドナ・ハート、ロバート・W・サスマン、伊藤伸子訳『ヒトは食べられて進化した』、2007年、化学同人
アン・ギボンズ、河合信和訳『最初のヒト』、新書館、2007年

末筆ながら最後にサンブンマチャン4号頭蓋写真を快くご提供くださった国立科学博物館の馬場悠男先生に深く感謝いたします。また本書の刊行をお引き受けいただいた同成社代表取締役の山脇洋亮氏、編集実務にあたられた佐藤涼子さんにも、心から謝意を表します。

2007年9月4日

河合信和

図版引用参考文献一覧

From Lucy to Language, Donald C. Johanson, D. C. *et al.* 2006 Simon & Schuster

Race and Human Evolution. Wolpoff, M. and Caspari, R. 1997 Westview Press

The Dawn of Human Culture. Klein, R. G. *et al.* 2002 John Wiley & Sons

Caramelli, D. *et al.* 2003 Evidence for a genetic discontinuity between Neandertals and 24,000- year-old anatomically modern Europeans. *Proc. Natl. Acad. Sci. USA* Vol.100 pp.6593-6597.

d' Errico, F. *et al.* 1998 Neanderthal Acculturation Western Europe? *Current Anthropology* Vol.39 Supplement pp.s1-s44.

d' Errico, F. 2003 The Invisible Frontier. A Multiple Species Model for the Origin of Behavioral Modernity. *Evolutional Anthropology* Vol.12 pp.188-202.

Gravina, B., Mellars, P. and Ramsey, C. B. 2005 Radiocarbon dating of interstratified Neanderthal and early modern human occupation at the Chatelperronian type-site. *Nature* Vol.438 pp.51-56.

Henshilwood, C. S. *et al.* 2002 Emergence of Modern Human Behavior: Middle Stone Age from South Africa. *Science* Vol.295 pp.1278-1280.

McBreaty, S. and. Brooks, A. S. 2000 The revolution that wasn't: a new interpretation of the origin of modern human behavior. *Journal of Human Evolution* Vol.39 pp.453-563.

Mellars, P. 2006 Why did modern human populations disperse from Africa *ca.* 60,000 years ago? A new model. *Proc. Natl. Acad. Sci. USA* Vol.103 pp.9381-9386.

Morwood, M. J. *et al.* 2004 Archaeology and age of a new hominin from Flores in eastern Indonesia. *Nature* Vol.431 pp.1087-1091.

Senut, B., Pickford, M. *et al.* 2001 First hominid from the Miocene (Lukeino Formaiton, Kenya). *C. R. Acad. Sci. Paris* Vol.332 pp.137-144.

Smith, F. H., Trinkaus, E. *et al.* 1999 Direct rediocarbon dates for Vindija G_1 and Velika Pećina Late Pleistocene hominid remains. *Proc. Natl. Acad. Sci. USA* Vol.96 pp.12281-12286.

White, T. D. *et al.* 2003 Pleistocene *Homo sapiens* from Middle Awash, Ethiopia. *Nature* Vol.423 pp.742-747.

執筆者紹介

河合信和（かわい　のぶかず）

1947年　千葉県生まれ。北海道大学卒業。1971年、朝日新聞社入社。科学ジャーナリスト。

主な著書。

『ネアンデルタールと現代人』、『旧石器遺跡捏造』（いずれも文春文庫）、主な訳書に『最初のヒト』（アン・ギボンズ著、新書館）、『出アフリカ記　人類の起源』（C・ストリンガー、R・マッキー著、岩波書店）、『人類進化の空白を探る』（A・ウォーカー、P・シップマン著、朝日新聞社）など。

市民の考古学③

ホモ・サピエンスの誕生

2007年11月10日発行

著　者　河《か》合《わい》信《のぶ》和《かず》

発行者　山　脇　洋　亮

印　刷　㈲　協　友　社

発行所　東京都千代田区飯田橋 4-4-8 東京中央ビル内　㈱同成社
TEL 03-3239-1467　振替 00140-0-20618

ISBN978-4-88621-412-6 C1320